高等学校 3D 打印技术系列教材

U0169760

3D 建模和 3D 打印技术

主　编　陈智勇　李洲稷　黄晓婧

副主编　李　彬　周　辉　孙乐乐　赵　严

参　编　田丽萍　王　凯　李妙玲　宋伟志

主　审　徐颖强　常晓通

西安电子科技大学出版社

内 容 简 介

本书分为三篇(共 13 章):第一篇为 3D 打印理论基础、第二篇为 3D 建模理论基础、第三篇为 3D 建模和 3D 打印实操案例。3D 打印理论基础分为四章,内容包含 3D 打印的发展概况、3D 打印的流程及特点、3D 打印技术主流工艺、3D 打印设备及材料。3D 建模理论基础分为六章,内容包含 3D 模型设计、CATIA 概述、草图设计、零件设计、曲面设计、装配设计。3D 建模和 3D 打印实操案例分为三章,内容包含切片与数据处理、工业级 3D 打印机打印实例、桌面级 3D 打印机打印实例。本书基本概念清晰准确,语言叙述通俗易懂,结构编排由浅入深、从理论到实践。

本书可作为高等院校 3D 打印课程的教材,也可供从事 3D 打印技术理论研究、相关设计和制造业的工程技术人员学习参考。

图书在版编目(CIP)数据

3D 建模和 3D 打印技术/ 陈智勇,李洲稷,黄晓婧主编. —西安:西安电子科技大学出版社,2021.5(2024.1 重印)
ISBN 978-7-5606-5966-4

Ⅰ. ①3… Ⅱ. ①陈… ②李… ③黄… Ⅲ. ①立体印刷—印刷术 Ⅳ. ①TS853

中国版本图书馆 CIP 数据核字(2021)第 010842 号

策　　划　秦志峰　刘　杰
责任编辑　秦志峰
出版发行　西安电子科技大学出版社(西安市太白南路 2 号)
电　　话　(029)88202421　88201467　　　邮　　编　710071
网　　址　www.xduph.com　　　　　　　电子邮箱　xdupfxb001@163.com
经　　销　新华书店
印刷单位　咸阳华盛印务有限责任公司
版　　次　2021 年 5 月第 1 版　　2024 年 1 月第 2 次印刷
开　　本　787 毫米×1092 毫米　1/16　印张　18
字　　数　426 千字
定　　价　46.00 元
ISBN 978 - 7 - 5606 - 5966 - 4 / TS
XDUP 6268001-2
如有印装问题可调换

前　言

自出现至今，3D 打印产业已走过了 30 余年的发展历程，并被应用于航空航天、汽车工业、船舶制造、能源动力、医疗健康等众多前沿科技领域。3D 打印是我国重点扶持和发展的新兴产业。2015 年"中国制造 2025"已将 3D 打印列为发展重点。

2017 年末，国家部委十二个部门联合印发了《增材制造产业发展行动计划（2017—2020 年）》，提出建立行业标准国家实验室，培育中国 3D 打印行业龙头企业，研发自主知识产权的核心 3D 打印技术，确立了行业发展目标。目前，已经成立了国家增材制造创新中心、国家增材制造产品质量检验中心、工信部增材制造研究院等国家级和省部级科研机构。国家政策鼓励，科研经费支持，市场初具规模，正是国内 3D 打印企业发展的好时机。在国家政策的推动下，相关企业除了加大对 3D 打印技术的研发，还要提升 3D 打印终端的应用，更重要的是加强 3D 打印相关人才的培养。

本书共分三篇，系统介绍了 3D 打印理论基础、3D 建模理论基础、3D 建模和 3D 打印实操案例，可作为高等院校 3D 打印相关课程的教材，也可供从事 3D 打印技术理论研究、相关设计和制造业的工程技术人员学习参考。

本书是由高校教师和相关企业、科研院所的工程技术人员共同编写完成的。西北工业大学机电学院博士、洛阳理工学院机械工程学院教师陈智勇，洛阳理工学院机械工程学院教师李洲稷，中国航空工业集团第六一三所(洛阳电光设备研究所)高工黄晓婧担任本书主编；洛阳理工学院机械工程学院教师李彬和周辉、华中科技大学机械科学与工程学院博士孙乐乐、巩义市泛锐熠辉复合材料有限公司高工赵严任副主编。参加编写工作的还有华中科技大学土木工程与力学学院研究生王凯、洛阳理工学院机械工程学院教师田丽萍、李妙玲、宋伟志。编写分工如下：全书由陈智勇规划、分工并统一定稿；第一章、第二章由陈智勇、黄晓婧编写；第三章和第四章由孙乐乐、陈智勇编写；第五章和第六章由李洲稷、黄晓婧编写；第七章和第八章由李洲稷、赵严编写；第九章和第十章由周辉、田丽萍编写；第十一章和第十二章由周辉、李彬编写；第十三章由李彬、孙乐乐编写；各章节图表由王凯、李妙玲、宋伟志绘制和校对；全书最后由陈智勇统一定稿。初稿完成后，由西北工业大学机电学院教师徐颖强、力学和土木学院教师常晓通进行了仔细的审核并提出宝贵意见，对提高本书的编写质量作出了一定的贡献。

本书引用了国内外一些企业、科研院所、高等院校的产品图样和试验研究资料，西安电子科技大学出版社的有关同志对本书的出版给予了极大的帮助，在此一并致以深切的谢意。

本书涉及知识面广，编者才疏学浅，疏漏谬误之处在所难免，谨请读者批评指正。

编　者

2021 年 2 月

目　　录

第一篇

3D打印理论基础

第一章

3D 打印的发展概况

① 掌握 3D 打印的定义；
② 了解 3D 打印的发展历程、应用领域和发展前景；
③ 了解 3D 打印的就业岗位需求。

知识要点	能力要求	相关知识
3D 打印的定义	掌握 3D 打印的定义	3D 打印的定义及与一般 2D 打印的区别和联系
3D 打印的发展和应用	了解 3D 打印的发展历程、应用领域和发展前景	3D 打印的发展历程 3D 打印的应用领域 3D 打印的发展前景
3D 打印的就业岗位需求	了解 3D 打印的就业岗位需求及能力需求	3D 打印的就业岗位需求 3D 打印岗位职责及能力要求

1.1 3D 打印的定义

大多数人首次听到 3D 打印时，就会想到常见的 2D 打印机，但二者是不同的。2D 打印机和 3D 打印机最大的区别是维度问题，2D 打印机是二维打印的，在平面纸张上喷涂彩色墨水，而 3D 打印机可以制造拿在手上的三维物体。其实 3D 打印的原理和 2D 打印机类似，只不过 2D 打印机的打印材料是墨水和纸张，而 3D 打印机内装有金属、陶瓷、塑料、砂等不同的"打印材料"，通过电脑控制可以把"打印材料"层层叠加起来，最终形成三维实物。

设想用 2D 打印机在 500 张白纸上打印出相同的圆形，并把它们剪下来粘叠到一起，就做成了一个圆柱体，这就是 3D 打印的基本原理。如果将白纸上的圆形打印成一个零件不同截面的形状，用相同的方法黏贴到一起，就可以构成型状更加复杂的零件了。

3D 打印(3D Printing)技术，也称为增材制造或增量制造(Additive manufacturing)技术，它是一种快速成型技术，是以三维数字模型文件为基础，运用粉末状金属或塑料等材料通过连续的物理层叠加即逐层增加材料来生成三维实体的一项成型技术。3D 打印过程如图 1-1 所示。

图 1-1 3D 打印过程示意图

1.2 3D 打印的发展和应用

1.2.1 3D 打印的发展历程

1. 3D 打印国外发展历程

1984 年，Charles Hull 发明了将数字资源打印成三维立体模型的技术。1986 年，Charles Hull 发明了立体光刻工艺，利用紫外线照射将树脂凝固成型，以此来制造物体(Laminated Object Manufacturing, LOM)并获得了专利。随后他成立了一家名为 3D Systems 的公司专注于 3D 打印技术，并于 1988 年开始生产第一台 3D 打印机 SLA-250，该机体型庞大。同年，Scott Crump 发明了另外一种 3D 打印技术——热熔解积压成型，利用蜡、ABS、PC、尼龙等热塑性材料来制作物体。1989 年，C. R. Dechard 博士发明了选区激光烧结 (Selective Laser Sintering，SLS)技术，这种技术扩大了打印材料的选择范围，可利用高强度激光将石蜡、尼龙、金属、丙烯腈-丁二烯-苯乙烯共聚物、陶瓷等材料粉末烤结、成型。同年，Stratasys 公司及 DTM 公司成立。1991 年 LOM 成型机上市销售，1992 年 DTM 公司的 SLS 技术系统机上市销售。同年，Stratasys 公司的 FDM 技术系统机上市销售。1993 年，麻省理工学院教授 EmanuaI Sachs 创造了三维打印技术(3D Printing，3DP)，将金属、陶瓷的粉末通过粘结剂粘在一起成型。1995 年，麻省理工学院修改了喷墨打印机方案，不再把墨水喷射在纸张上，而是将约束溶剂喷射到粉末床上，开发了基于 3DP 技术的系统机，随后创立了现代的三维打印企业 Z Corporation。1996 年，3D 打印企业——3D Systems、Stratasys、Z Corporation 分别推出了型号为 Actua 2100、Genisys、2402 的三款 3D 打印机产品，并第一次使用了"3D 打印机"的名称。

2005 年，Z Croooration 推出了世界上第一台高精度彩色 3D 打印机——SpeCTRum 2510。同年，英国巴恩大学的 Adrian Bowyer 发起了开发 3D 打印机的 RepRap 项目，目标是通过 3D 打印机本身制造出另一台 3D 打印机。2008 年，基于 RepRap 项目的首个 3D 打印机发布，命名为 Darwin，它可以打印自身一半的元件，且体积很小。同年，Object 推出全球首台同时使用不同材料的打印机 Connex500。2010 年，第一台轿车的车身用 3D 打印机打印完成，它的所有外部组件都由 3D 打印制作完成，包括玻璃面板等(由 Dimension 3D 打印机和由 Stratasys 公司数字生产服务项目 RedEye On Demand 提供的 Fortus 3D 成型系统制作完成)，同时生物打印机、房屋也先后由 3D 打印机完成。2011 年 8 月，英国南安普顿大学的工程师完成了世界上第一架 3D 打印的飞机。同年 9 月，维也纳科技大学开发了更小、更轻、更便宜的 3D 打印机并进行量产，这个超小型 3D 打印机重 1.5 kg，当时报价约 1200 欧元。同年，先后出现了 3D 巧克力打印机、3D 骨骼打印机、3D 服装打印机等。2012 年 3 月，维也纳大学的研究人员宣布利用二光子平板印刷技术突破了 3D 打印的最小极限，展示了一辆长度不到 0.3 mm 的赛车模型。同年 7 月，比利时的 International Univers 和 CollegeLeuven 的一个研究组测试了一辆几乎完全由 3D 打印技术制造的小型赛车，其时速达到了 140 千米/小时。同年 12 月，美国分布式防御组织成功测试了 3D 打印的枪支弹夹。2013 年，先后出现了 3D 打印人造耳朵、3D 打印足球鞋、3D 打印笔、3D 打印金属整枪。2015 年 3 月，美国 Carbon 3D 公司发布了一种新的光固化技术——连续液态界面制造(Continuous Liquid Interface Production，CLIP)：利用氧气和光连续地从树脂材料中导出模型，该技术比之前的 3D 打印技术要快 25～100 倍。

进入 21 世纪后，3D 打印技术迅速发展，很多国家都已加入到 3D 打印技术的研发与应用中来。

2011 年，美国总统奥巴马出台了"先进制造伙伴关系计划"(Advanced Manufacturing Partnership Program，AMP)。2012 年 2 月，美国国家科学与技术委员会发布了"先进制造国家战略计划"。2012 年 3 月，奥巴马宣布实施投资 10 亿美元的"国家制造业创新网络计划"(National Network Manufacturing Innovation Plan，NNMI)。在这些战略计划中，均将增材制造技术列为未来美国最关键的制造技术之一。2012 年 8 月，作为 NNMI 计划的一部分，奥巴马宣布联邦政府投资 3000 万美元成立国家增材制造创新研究所(National Additive Manufacturing Innovation Institute，NAMII)，加上地方州政府配套的 4000 万美元，共计投入 7000 万美元，该研究机构实质上是一个由产、学、研三方成员共同组成的公私合作伙伴关系的组织，致力于增材制造技术和产品的开发，以保持美国领先地位。

欧洲也十分重视对 3D 打印技术的研发应用，英国《经济学人》杂志是最早将 3D 打印称为"第三次工业革命的引擎"的媒体。2013 年，欧洲航天局公布了"将 3D 打印带入金属时代"的计划，旨在为宇宙飞船、飞机和聚变项目制造零部件，最终的目标是采用 3D 打印技术实现由一整块金属构成、不需要焊接或熔合的整颗卫星的整体制造。同年，德国发布的《工业 4.0 战略实施建议书》，第一次提到了"工业 4.0"，并迅速风靡全球。"工业 4.0"被看作是"第四次工业革命"。工业 4.0 九大技术支柱包括工业物联网、云计算、工业大数据、工业机器人、3D 打印、知识工作自动化、工业网络安全、虚拟现实、人工智能，同时德国将"选择性激光熔结技术"列入"德国光子学研究"项目。

日本着力推动 3D 打印产业链后端，不断尝试将本国已取得的技术成果在工业中进行推广和应用。

澳大利亚在 2013 年制定了金属 3D 打印技术路线，并于 2013 年 6 月与中国合作揭牌成立中澳轻金属联合研究中心(3D 打印)。

南非政府将目光投向大型 3D 打印机设备的研制和开发，将核心激光设备研制与扶持激光技术协同发展。

2. 3D 打印国内发展历程

我国 3D 打印技术的起步并不晚，对 3D 打印技术的研发已经有了长达 20 多年的探索和积累，在核心技术方面具有先进的一面，但是在产业化方面的发展稍显滞后。

1988 年，正在美国加州大学洛杉矶分校做访问学者的颜永年，偶然得到了一张工业展览宣传单，其中介绍了快速成型技术。10 月底回国后，颜永年就转攻这一领域，并多次邀请美国学者来华讲学，还建立了清华大学激光快速成型中心。1990 年，华中科技大学王运赣教授在美国参观访问时接触到了刚问世不久的快速成型机。1991 年，华中科技大学成立快速制造中心，研发基于纸材料的快速成型设备。1994 年，华中科技大学快速制造中心研制出国内第一台基于薄材纸的 LOM 样机，在 1995 年参加北京机床博览会时引起轰动。LOM 技术制作冲模，其成本约比传统方法节约 1/2，生产周期也大大缩短。与此同时，在 1992 年，西安交通大学卢秉恒教授(国内 3D 打印业的先驱人物之一)赴美做高级访问学者，发现了快速成型技术在汽车制造业中的应用，回国后随即转向研究这一领域，并于 1994 年成立先进制造技术研究所。1995 年 9 月 18 日，卢秉恒教授的样机在国家科委论证会上获得很高的评价，并争取到"九五"国家重点科技攻关项目 250 万元的资助。1997 年，卢秉恒团队卖出了国内第一台光固化快速成型机。1998 年，清华大学的颜永年又将快速成型技术引入生命科学领域，提出"生物制造工程"学科概念和框架体系，并于 2001 年研制出生物材料快速成型机，为制造科学提出一个新的发展方向。

2015 年 2 月 18 日，我国工信部颁布的《国家增材制造产业发展推进计划(2015—2016年)》是 3D 打印的一个"风向标"。2015 年 8 月，李克强总理指出，3D 打印是制造业有代表性的颠覆性技术，实现了制造从等材、减材到增材的重大转变，改变了传统制造的理念和模式，具有重大价值。

1.2.2　3D 打印的应用领域

随着计算机的普及和应用以及 3D 打印技术的发展，基于 3D 打印技术的计算机辅助制造已经广泛应用到各个行业。3D 打印技术与网络技术的结合，创造了一个"互联网+3D打印机"的新型商业模式。经过多年的发展研究，3D 打印技术形成了一整套的生产体系，几乎涉及所有领域，已经成为现代模型、模具和零部件制造的有效手段。目前，3D 打印技术已经在医疗、汽车、军事、建筑、时尚、食品、考古等领域都得到了广泛应用。从趋势上看，在航空器和医学的牙科领域的增速较快。利用 3D 打印技术制造的各种行业产品如图 1-2 所示。

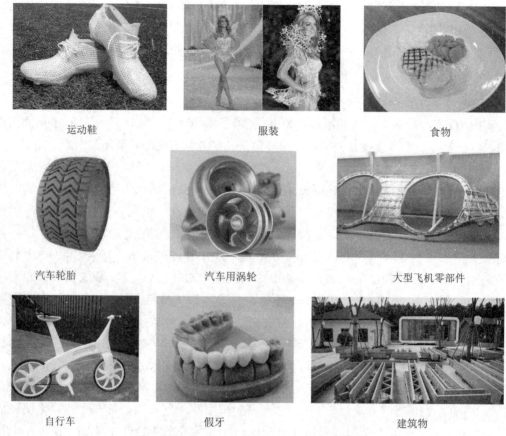

运动鞋　　　　　　　　　服装　　　　　　　　　食物

汽车轮胎　　　　　　　　汽车用涡轮　　　　　　　大型飞机零部件

自行车　　　　　　　　　假牙　　　　　　　　　建筑物

图 1-2　3D 打印在各个行业的应用

1. 3D 打印在医疗保健中的应用

3D 打印最有利于社会和人民的就是在医疗行业的应用,它弥补了传统医学所做不到的方面,为医生的治疗方案提供了更多的可能性。国内医疗行业对 3D 打印技术的应用始于 20 世纪 80 年代后期,最初主要用于快速制造 3D 医疗模型,当时 3D 打印技术主要用来帮助医生与患者沟通、准确判断病情以及进行手术规划。近年来,随着 3D 打印技术的发展和精准化、个性化医疗需求的增长,3D 打印技术在医疗行业的应用在广度和深度方面都得到了显著发展。在应用的广度方面,从最初的医疗模型快速制造,逐渐发展到利用 3D 打印直接制造助听器外壳、植入物、复杂手术器械和药品。在深度方面,由 3D 打印没有生命的医疗器械向 3D 打印具有生物活性的人工组织、器官的方向发展。

1) 齿科应用

由于 3D 打印数字化的优势,使其可以满足个性化的要求。现在 3D 打印技术在义齿、义眼、假肢、支架、骨科植入物等方面都有应用。以义齿为例,目前我国绝大部分人都有不同程度的牙齿问题,每个人的牙齿形状结构又不尽相同。3D 打印的优势在于可以对需要安装假牙的患者进行口腔扫描,根据扫描数据使用 3D 打印机来打印牙齿,最后安装。如图 1-3 所示为 3D 打印的牙齿安装示意图。这样制作出来的牙齿更符合患者本身的齿形,减少磨合时间。对于需要矫正牙齿的客户,传统的牙齿矫正使用金属制成的托槽来引导牙齿移动，矫正过程非常痛苦，而且非常难看。隐形牙套恰恰满足了这些人的需求，使用 3D 打印技术制作多副牙套，每一到两个星期更换一副，可逐步实现牙齿矫正。

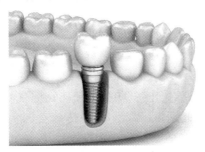

图 1-3　3D 打印的牙齿安装示意图

2) 修复骨骼

3D 生物打印属于 3D 打印技术研究的前沿领域，是极具意义和价值的一项技术。通过对人造器官的制造，代替人体组织器官，从而缓解目前人体组织器官匮乏的问题。

例如假肢的制作，每一位残疾人对于假肢的需求不同，因此每个假肢制造过程的个性化导致假肢的成本较高，而 3D 打印机的出现解决了这些个性化制造的问题。对于需要切除骨骼的患者来讲，可以通过 3D 打印机来打印用于替换人体骨骼的钛合金"骨骼"。与传统的金属骨骼相比，3D 打印"骨骼"不但尺寸非常精确，而且带有可供骨头长入的孔隙(打印出来呈网状结构)，相邻骨头在生长的过程中会进入孔隙，使真骨头与假骨头之间牢固地结成一体，使患者的恢复期缩短。又比如 3D 打印支架，以前传统方式制作的组织工程支架容易导致支架的结构孔径不合适、细胞体积不匹配等问题，而 3D 打印技术制造出的支架由于细胞黏附性、组织扩展性都很强，故能很好地解决上述问题。

3) 制作医疗康复器械

3D 打印可以制作医疗康复器械，其为矫正鞋垫、仿生手、助听器等康复器械带来的真正价值不仅仅是实现精准的定制化，更主要体现在让精准、高效的数字化制造技术代替手工制作方式，缩短生产周期。现在以已经实现 3D 打印并批量定制化生产的助听器外壳产业为例来看看 3D 打印在这方面的应用。在传统的方式下，技师需要通过患者的耳道模型做出注塑模具，然后通过加入紫外线吸收剂并注塑成型得到塑料产品，并对塑料产品进行钻音孔和手工处理后得到助听器最终形状。如果在这一过程中出错，需要重新制作模型。若使用 3D 打印机制作助听器，始于患者耳道硅胶模或印模的设计，这个步骤是通过三维扫描仪来完成的，然后用 CAD 软件将扫描数据转为 3D 打印机可读取的设计文件，设计者可以通过软件来修改三维模型，创建最终的产品形状。

4) 完成手术预演

3D 打印还可以做手术预演。手术预演模型的制作一般是医院先通过 CT(Computed Tomography，电子计算机断层扫描)、MRI(Magnetic Resonance Imaging，核磁共振)等造影设备扫描患者的患处组织或骨骼，将获取的二维数据导入 Mimics 等软件中进行三维重建，最终获得 stl 格式三维模型，并通过 3D 打印机打印出来。这种 3D 打印技术方案主要用于高难度的手术，在手术前进行演练可以使得大夫在真正手术时操作更准确，并缩短手术时间，从而减少出血量。

5) 制作研发药物

3D 打印技术还可以用来制作药品。这项技术对制药的影响主要体现在四个方面：一是可以实现药物活性成分的个性化定制。二是剂量的个性化定制，为患者提供个性化治疗方案。这种一层一层的打印方法，可以把不同的涂层彼此紧密地结合一起，因此可以将某种物质的最大剂量置入一粒药片中，这样病人可以吞服少量或较小的药片。三是可以实现形状的个性化定制。对于不喜欢吃药的儿童可以通过 3D 打印技术打印出各种形状有趣的药物，哄宝宝乖乖吃药。四是通过 3D 打印技术使药物拥有特殊的微观结构，改善药物的释放行为，从而提高疗效并降低副作用。例如 2015 年美国食品药品监督管理局(Food and Drug Administration，FDA)已在全球批准首款完全使用 3D 打印制作的药片。这款名为 Spritam 的药物由美国 Aprecia 制药公司研制，用于治疗癫痫症患者，这款药物能够在少量的水中迅速溶解成高剂量的药物，给患者带来了极大的方便。

3D 打印技术在医疗上的应用已经非常广泛，或许未来可以制造出能够发挥特定功能的人体器官，比如肾脏、鼻子、耳朵、心脏、眼角膜等，一旦这些生物 3D 打印组织能够发挥器官本身的功能，器官移植将变得不那么艰难，这将会治愈更多的患者。随着 3D 打印技术的逐渐成熟，未来整体医疗水平将会大大提高。

2. 3D 打印在汽车制造中的应用

现在，人们对于汽车的需求日益多样化，汽车生产厂家在汽车的外形和性能方面都有不同的设计变化，使得在汽车生产中有很多非标准件的使用，其设计、开模、加工费用都比较高。而 3D 打印技术的出现，能够很好地解决这些问题。有人说 3D 打印技术将成为汽车行业的一次重大突破，极有可能颠覆传统的"四大工艺"。3D 打印在汽车行业的应用贯穿整个生命周期。3D 打印在汽车领域的早期应用主要集中在研发阶段的造型评审和设计验证，随着 3D 打印技术的不断发展、汽车零部件厂商对 3D 打印技术认知度的提高以及汽车行业自身发展的需求，3D 打印技术在汽车行业的应用将向功能零部件扩展。

3D 打印技术已渗透至汽车研发、产品设计、零部件制造和汽车维修等多个环节。从设计方面来说，3D 打印能够更准确地将 3D 设计图转换成实物，可使汽车生产者将其应用于外形的设计开发。例如奔驰设计中心将 3D 打印技术应用到车辆的造型设计。从零部件制作方面来讲，3D 打印可应用于快速生产复杂的汽车零部件。在传统汽车制造领域，汽车零部件的开发需要长时间的测试校正，还需制作零件模具，时间长、成本高。而 3D 打印技术能够快速准确地制造较复杂的零部件，如果零件不合适，只需要及时修改 3D 打印文件再次制作即可，节省了模具开发的资金，成本更低，效率更高。

1) 汽车的设计研发

2013 年 3 月 1 日，世界首款 3D 打印汽车 Urbee 面世，这是一款三轮混合动力汽车，多数零部件来自 3D 打印。Urbee 汽车造型奇特，拥有像鼠标一样的外形，三个轮子，采用混合动力。仅看车型，很难想象这是一款可以行驶的汽车，更何况其零部件基本上都是采用 3D 打印制造出来的。据设计者介绍，该车在 2013 年的成本为 5 万美元。如图 1-4 所示，整个车身使用 3D 打印技术一体成型，使其具有其他片状金属材料所不具有的可塑性和灵活性。整车的零件打印只需要耗时 2500 个小时，工人将各个零部件进行组装即可，大大缩短了生产周期。这个成功案例的出现，使很多业内人士看好 3D 打印在汽车方面的应用，并认为如果用 3D 打印制造生产模具，有望使汽车制造更快更好。

图 1-4　世界首辆 3D 打印汽车 Urbee

2) 汽车的零部件制造

发动机作为汽车的主要动力来源，其性能的改善对汽车尤为重要。位于加利福尼亚州的圣克拉拉，其技术部门为了改善赛车队中赛车的发动机性能，通过选择性激光增材(SLM)制造技术制造出一款新的发动机气缸盖，如图 1-5 所示。这款发动机能够提高表面的散热面积，减少振动、减轻重量。通过内部的独特造型技术，减少了 66% 的汽缸盖重量，表面面积也从 823 cm^2 增加到 6052 cm^2，通过晶格结构制造复杂的组织，使其具有更好的冷却性能，这对于赛车至关重要。

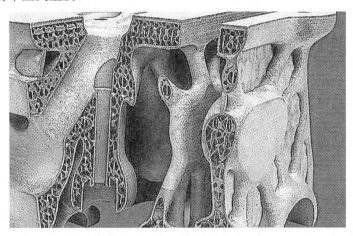

图 1-5　3D 打印发动机气缸盖

3) 汽车的后市场

针对汽车后市场中的汽车维修工作，3D 打印也有着其独特的优势。就汽车行业来说，品牌繁杂，车型多样，很难有哪个维修店会配齐所有的零配件，而且有的车辆使用年限较久，车型下线，生产商已经不再供应相应的零配件，这些都对汽车维修工作带来困难。对于 4S 店或者维修店，零配件没有库存或有些紧缺的零配件就需要单独开模，增加了成本。如果采用 3D 打印技术，在汽车零部件制造过程中保留零部件的生产参数及模型文件，就可以直接使用 3D 打印机按照之前的参数打印出零部件，这样既满足了维修要求又能够控制维修成本。

3. 3D 打印在军事装备中的应用

由于 3D 打印在小批量制造时具有成本低、速度快、复杂制造能力好，材料利用率高，适应性好等优点，将其应用于军事装备发展方面能够显著缩短研制时间，减少研制费用，提高装备性能，降低装备成本，提高维修保障的时效性与精度。

1) 飞行器零部件制造

目前，世界各国广泛关注并大力发展、推进 3D 打印技术，使得近年来 3D 打印技术的发展与应用不断取得突破，显示出了良好的军事应用前景。

在美国，科学家将 3D 打印产业列为"美国十大增长最快的工业"之一，有的科学家甚至期望 3D 打印这项神奇的技术能带来"第三次工业革命"。美国在 3D 打印技术方面投入了大量的研究，技术比较成熟，目前已经初步达到工业应用水平。例如 2012 年，美国 Sciaky 公司的新型电子束 3D 打印技术取得重要突破，具备大型金属部件加工能力，美国国防部和洛克希德·马丁公司将其用于生产 F−35 战斗机中的钛、钽、铬镍铁合金等高价值、高品质的零部件，并通过了全寿命光谱疲劳试验和负载试验。

我国的 3D 打印技术目前也达到了世界领先水平。例如，北京航空航天大学王华明教授及其团队已掌握"飞机钛合金大型复杂构建激光成型技术"，并将其成功应用于武器装备的研制，获得了 2012 年度国家技术发明奖一等奖。该项技术使我国成为继美国之后第 2 个掌握飞机钛合金结构件激光快速成型的国家。西北工业大学掌握了一次打印超过 5 m 长的钛金属飞机部件的 3D 打印技术。贵州黎阳航空动力有限公司采用激光快速成型工艺成功研制出了符合性能要求的钛合金整体叶盘，将发动机转子叶片和轮盘形成一体，简化结构，减轻重量，提高了发动机气动性能。国产大飞机 C919 上的中央翼缘条零件是 3D 打印技术的典型应用实例，此结构件长 3 m 多，是国际上 3D 打印出来最长的金属航空结构件。

2) 武器维修

在武器维修方面，3D 打印也有着良好的发展应用前景。由于其在民用和军用制造领域具有重要的应用潜力，在未来装备维修领域，3D 打印技术同样具有广泛的应用前景。可以预见，3D 打印技术用于装备维修备件和工具制造领域，将有力推动武器装备维修领域步入快车道。之所以有这样的预见，一是 3D 打印可用于战时装备维修备件快速制造。在战场上应用 3D 打印技术可为战损装备应急抢修提供一个有效的备件解决方案。在战时仅需利用预先携带的装备部件数据，利用 3D 打印机即可制造应急备件，快速恢复装备战斗能力，能有效缓解备件供应系统的负担。二是可用于战场上生产装备维修工具设备。利用 3D 打印技术，一线维修人员在战场可根据预先准备的图纸，现场打印维修所需的维修工具或设备，必要时还可由后方设计人员根据前线维修需求临时设计新的维修工具和设备，再利用前线部署的 3D 打印机制造定制的维修工具，免去携带重物长途跋涉的辛苦。三是可大幅提升战时维修保障效率。以往制作模具都要靠传统机床，如果发现模具需要修改，工厂里正在批量生产的机床就要停下来，重新制作这一个小小的样品，从工序流程上来说也很耗时间。利用 3D 打印技术，可实现"一个人就可以是一家工厂"，只要数小时就可以形成修改后的数据，迅速进行生产，从而大大提升武器装备维修保障效益。

3) 零件的修复成型

3D 打印技术除用于生产制造之外，其在高性能金属零件修复方面的应用价值不低于制造本身。就目前情况而言，3D 打印技术在修复成型方面所表现出的潜力甚至高于制造方面。

以高性能整体涡轮叶盘为例，若盘上的某一叶片受损，则整个涡轮叶盘将报废，直接经济损失价值在百万元之上。但是基于 3D 打印逐层制造的特点，则只需将受损的叶片看作是一种特殊的基材，在受损部位进行激光立体成型，就可以恢复零件形状，且性能可以满足使用要求，甚至获得高于基材的使用性能。

总的来说，3D 打印在武器装备方面的影响有以下四点：① 小批量制造成本低、速度快，可显著降低武器装备研制风险、缩短研制时间；② 复杂制造能力强，可完成传统方法难以完成的制造，提高武器装备性能；③ 材料利用率高，可有效降低先进武器生产成本；④ 具备快速制造不同零部件的能力，可有效提升武器装备维修保障的实时性、精确性。

加快 3D 打印技术的发展与应用是弥补我国当前军事装备的设计、制造与维修保障能力的不足，提升研发效率，降低制造成本，提高维修保障时效性与精度的有效途径。应着眼武器装备长远发展，统筹规划，汇聚各方面力量推动 3D 打印技术的发展与应用，为实现能打仗、打胜仗的目标提供技术支撑。

4. 3D 打印在建筑设计中的应用

3D 打印建筑技术与传统建筑技术相比，优势体现在以下几方面：

(1) 建造速度比传统建造技术快数倍以上；

(2) 不需要使用模板，可以大幅节约成本；

(3) 具有低碳、绿色、环保的特点；

(4) 不需要数量庞大的建筑工人，大大提高了生产效率；

(5) 可以非常容易地打印出其他方式很难建造的高成本曲线建筑；

(6) 可以打印出强度更高、质量更轻的混凝土建筑物。

因此，3D 打印有可能改变整个建筑业未来的发展方向。

1) 教学用建筑模型制作

对于建筑专业的学生和从事建筑教学工作的教师来说，3D 打印并不是一个陌生的概念。很多学生在做设计的时候，采用各种材料，如纸皮、铝材、石膏等打印出各种建筑、桥梁、体育场等，但是这些都是模型，并不能将结构力学、材料硬度等完美体现出来。

2) 建筑物的制造

虽然实体建筑体积比较大，但是随着用于建筑使用的大型 3D 打印机的出现，3D 打印建造技术正悄然走进建筑行业。图 1-6 是建筑制造上使用的可以打印混凝土的 3D 打印机。建筑用的 3D 打印机与普通的 3D 打印设备不同，它是一个巨型的三维挤出机械，并且能够挤出多种复合材料，通过与计算机连接来构建设计蓝图。如果使用 3D 打印技术建造建筑物，目前的普遍做法是先分块打印再进行组合，即使用模块化的建造方式完成整体建造。在 3D 打印工厂里将每块部件打印好，运送到现场组装完成。当然，与传统房屋建造一样的是，3D 打印建筑物仍需构建地基，再使用 3D 打印墙体结构，同时预留出浇筑梁和柱的位置，最后在预留的位置埋入钢筋、灌注混凝土等，墙体的空心部分填满隔离材料。目前国内外现代化都市，如迪拜、上海等地都有 3D 打印技术建造的房屋，可以让人直接参观感受 3D 打印的魅力。

图 1-6　混凝土打印机

3) 检测建筑适应性

3D 打印除了可以建造房屋，还可以用来测试建筑的适应性。比如在 2022 年世界杯的举办地卡塔尔，设计者使用 3D 打印构建了球场的模型，借助这个体育场模型对空调系统进行测试，优化空调方案的设计。研究者用 3D 打印成型了 6 个比例尺为 1 : 3000 的体育场模型，测试各种空调方案的热反应，通过风动实验测试空气力学特性。通过实验对比，即得到最优最舒适的环境，有效减少了材料浪费。

但是 3D 打印在建筑行业的应用仍处于起步阶段，建筑质量仍需时间检验，房屋的保温性能、抗震性能、抗压性能还有待研究，而且 3D 打印机的体积比较大，需要专门的厂房，花费较大。未来，3D 打印技术在建筑方面的应用会具有巨大的生产价值，科技进步必将推动 3D 打印技术在建筑行业中的应用。

5. 3D 打印在时尚界中的应用

3D 打印不仅是科学界的研究热点，在时尚圈也是设计师们追捧的热点，主要表现在服装与珠宝首饰的应用上。3D 打印在服装行业的运用克服了以往布料难以塑造的难题，可对服装进行立体造型，给人们带来焕然一新的视觉冲击。3D 打印在珠宝首饰行业的运用，使得每一件珠宝首饰都可以成为定制商品，独一无二，让每一位顾客享受 VIP 的待遇。3D 打印拓展了设计师们的想象空间，让设计师在产品形态创意和功能创新方面挥洒自如，给时尚设计行业带来空前的发展机遇。

在服装方面，3D 打印的优势有很多，具体体现在以下几个方面：

(1) 提高服装的质量。

(2) 缩短服装的成型周期。

(3) 节约服装生产成本。

(4) 个性化打印。

(5) 量体裁衣。

例如荷兰设计师 Iris van Herpen，自从接触到 3D 打印便将其应用在服装设计上，彻底改变了她的服装设计理念。2011 年，她在巴黎高级定制时装周上发布了她的 3D 打印杰作，引起世界时尚领域的关注与追捧，并且她的参赛作品被美国时代周刊评为年度 50 项最佳发明奖。如图 1-7 所示为 Iris van Herpen 和身穿她设计的 3D 打印服装的模特。自从 Herpen 开始使用 3D 打印技术生产第一件服装之后，便告别了传统的缝纫机制作服装的模式，她依靠 3D 打印技术来尝试服装的制作，将复杂的传统服装建立在虚拟的人体模型上，寻找专业的 3D 打印公司进行后期处理。打印机使用的大部分材料都是塑料、橡胶、金属等黏合性比较强的制衣材料。相比之下，传统的剪刀和缝纫机是无法完成这种复杂的设计、制作流程的。

图 1-7　Iris van Herpen 与身穿 3D 打印服装的模特

在珠宝首饰行业，特别是在首饰打版阶段，3D 打印技术的应用相当广泛。现代首饰设计的创意更加多样化，形式更加复杂。3D 打印技术作为一种全新的制造技术，给首饰的设计带来一股新鲜的创造力，同时也可以满足消费者对高品质、个性化首饰的需求。

3D 打印技术颠覆了传统的、规模化的时尚产业，从服装到鞋子，从首饰到包包，3D 打印不断得到推广与应用。香奈儿做了 3D 打印服装 T 台秀，Adidas 制作了 3D 打印鞋子并全球售卖，Dior 设计了时尚的虚拟眼镜，国内外明星穿戴使用各种 3D 打印产品引领潮流。如今，3D 打印重新定义了时尚边界，使用新兴的设计方法、尖端材料，设计制造出更多时尚且实用的品类。

6. 3D 打印在食品加工中的应用

俗语讲"民以食为天"，饮食一直是人们生活中最重要的事情之一。随着生活水平的提高，人们的口味要求也相应提高。如今 3D 打印食物能够满足人们的个性化需求，根据不同的年龄段可指定个性化的营养配方。未来 3D 打印食物将成为懒人和特殊人群的果腹之道。

3D 打印食物需要用到 3D 打印机。西班牙巴塞罗那一个公司开发了一款 3D 食物打印机 Foodini，如图 1-8 所示，可以运用各种成分"打印"食物，从巧克力到馄饨，只要它们是松软的就可以实现。Foodini 作为家用的 3D 打印设备，目的在于节省人们手工制作食物的时间。该设备拥有 6 个喷嘴，为制作多种食物创造了可能性。

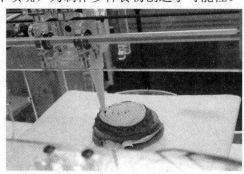

图 1-8　工作中的 Foodini 打印机

通常食物打印多用于难以手工制作的食品制造，如果某一类食品材料单一，但需要比较复杂的制作方式，手工很难完成，这时使用食品打印机就快捷多了。食品打印有两大优点：一是适用性广，操作简单、方便、实用，即使没有技术背景的用户也可以很快熟悉食品打印机的使用；二是食品打印具有很大的创作空间，灵活性强，对于创意非凡的厨师以及其他使用者，具有很大的施展平台。

7. 3D 打印在文物考古中的应用

保护人类的文化遗产，根据社会需要不断修复和重建文物是很复杂的系统工程。随着计算机辅助设计技术(Computer Aided Design，CAD)和 3D 打印技术的发展，及其在考古学和文物保护领域的应用，3D 打印对于考古专家更好地还原文物遗迹，帮助人类了解历史的发展具有重大意义。

目前，国内有利用 3D 打印技术构建古建筑、石窟和遗址的模型，并实现了信息储存和修复，为文物保护和修复奠定了基础。3D 打印在文物和考古领域主要应用在三个方面：第一个方面，实现文物和考古现场的全真保存。考古发现中的文物体积大小不一，从细微的颗粒物到大的古建筑，使用 3D 打印技术可以对文物实现不同比例的缩放，打印出文物的全真模型。第二个方面，能够对考古现场和文物的几何模型实现快速复制。各个博物馆中会展览各种文物以便群众参观。对于一些体积较小的文物进行展览不成问题，而对于一些体积庞大的文物，比如青铜器、古代家具等展览就比较麻烦。特别是一些瓷器、玉器等易碎的文物，可以采用塑料作为打印材料，利用 3D 打印技术制作文物模型，也便于观者观看和运输。第三个方面，实现对考古现场和文物的永久保存。很多文物经历历史变迁，风吹日晒，很容易受到自然或人为的损坏。同时各种文物年代不一，在保护、挖掘的过程中会受到不同程度的损坏，不利于文物的传承与研究。利用 3D 打印技术就可以解决这个问题。建立虚拟模型，将文物的信息以数据形式保留下来，而且 3D 打印可以使用不同材料，这也为不同文物的保存提供了很好的解决方案。如图 1-9 所示是马踏飞燕青铜器以及利用三维扫描仪获得的模型扫描图。

图 1-9　马踏飞燕青铜器及三维扫描图

3D 打印技术在文物考古领域具有巨大的应用前景，尤其是对文物的修复与保护方面。不断加强 3D 打印技术在文物考古方面的应用有利于促进优秀传统文化的继承与发展，也有利于在文物修复工作中缩短生产周期，提高生产效率。

8. 3D 打印的发展前景

3D 打印技术的发展包括设备制造、材料研发与加工、软件设计、服务商等方面。若应用没有跟上，则会限制技术的发展。3D 打印技术的应用将从多方面对传统制造业产生深远的影响。

1) 3D 打印技术带来的变革

(1) 使制造模式发生深刻变革。传统的制造技术多采用减材加工，浪费原料。3D 打印技术改变了这种加工模式，能有效节省材料，缩短加工时间，提高工业生产效率。

(2) 带动产业技术的快速提升。3D 打印技术是一门综合应用嵌入式系统、计算机辅助设计、激光、控制、网络、材料等多学科技术的高新技术，3D 技术的应用将使各学科理论向实践转化。

(3) 使商业模式发生革命性变化。3D 打印可以使产品生产走向个性化、定制化，缩短产品推向市场的生命周期。通过互联网可以建立高效的供应链、市场销售和用户服务网。

(4) 推动人工智能的发展。现在人工智能已经开始融入大众生活，物联网、机器人、智能家居等智能化产品与 3D 打印机的结合，已成为 3D 打印改变传统制造业的新趋势。信息技术的发展将提高技术的共享性，从而促进 3D 打印与人工智能新技术的诞生。

2) 3D 打印技术的发展要求

在大数据和信息化的背景下，单一化、纯机械化的 3D 打印技术已经不能顺应时代发展的需要。随着 3D 打印技术的推广，对其技术发展也有更高的要求，主要表现在对 3D 打印机的操作便利性和打印完成的实体质量提出了更高的要求。因此，控制技术与大数据、信息化、智能化的结合，将成为 3D 打印技术发展的新趋势。

(1) 精密化。随着制造工艺的提高，提升 3D 打印的精度是 3D 打印技术发展的必然趋势。多喷头交替打印、多材料结合打印、大型零部件打印等是 3D 打印技术的应用方向，对打印出来的部件表面质量和内部的物理性能都将有更高的要求。这得益于 3D 打印技术的高精密化指标，也是 3D 打印技术直接面向成品制造和零部件生产的保证。

(2) 智能化和便捷化。3D 打印设备所具备的较高自动化程度，源于产品的软件设计、后期处理以及软件控制的优化。加工过程中不同材料的转换使用、部件内部的气泡去除、成型后的支撑材料修饰等，都需要程序化智能设备的配套支撑。基于 3D 打印技术生产的小型无人机、小型汽车等概念产品已用于商业宣传、营销活动中。因此，智能化和便捷化的一系列问题都直接影响 3D 打印设备的推广与应用。

(3) 通用化。通用化是指 3D 打印机运用越来越普及，并且能"一机多用"。3D 打印机作为计算机的外部输出设备，使用便利，用户可通过相关软件设计的概念模型打印成三维实体。通过更换各种打印材料，能打印出适用于不同场景的部件，节省了设备更换时间和维护费用。

(4) 稳定化。稳定化包括控制稳定和运行稳定。随着工业的发展，工业级的 3D 打印机必然至关重要。工业过程中扰动因素较多，会对工业用 3D 打印机的稳定性要求更高。因此通过控制算法的优化来提高控制稳定性，其中包括控制参数中的超调量、滞后时间常数、稳态误差等指标的优化。

1.3　3D 打印的就业岗位需求

3D 打印技术作为一种新兴的制造技术，体现了信息网络技术与先进材料技术、数字制造技术的密切结合，是先进制造业的重要组成部分。经过多年发展，这一技术在我国航空航天、汽车、生物医疗、文化创意等领域得到初步应用，相应的有很多具备一定竞争力的 3D 打印骨干企业出现，因此社会对于 3D 打印技术人才的需求更加广泛。

3D 打印行业是一个综合了多方面技术的行业。作为一名学生，如果将来准备进入这个行业，那他在大学里可以选择的专业非常多，将来可以从事的岗位也非常多。3D 打印行业岗位需求主要分为以下四大类：一是 3D 打印技术开发类，这一类人员的方向是发展成为高端技术人才，拥有深厚的技术背景，深耕于 3D 打印技术开发，对于他们来说重要的不是专业，而是科研方向。二是 3D 打印材料研发类，这一类人员主要是研究 3D 打印的材料，除了改良已有材料外，还要研发各种新的材料。三是 3D 打印设备研发类，这一类人员的工作是研究 3D 打印机工作原理以及结构。最后是 3D 打印服务支持类。这里说的服务支持是为硬件设备服务的软件开发与维护，3D 打印切片软件、3D 打印建模软件等软件的开发，3D 打印机与电脑连接所需的底层接口的编写，网络资源平台的维护等都属于 3D 打印服务支持，这些工作涉及计算机知识、编程知识等。

不同的岗位需求如下：

1. 研发岗位

3D 打印研发人员主要根据企业产品开发计划，参与 3D 打印机的系统研发工作，对新产品进行调试，对原有产品进行改进和功能优化，具体如表 1-1 所示。

表 1-1　3D 打印研发岗位概述

	岗 位 职 责
3D 打印 研发工程师	1. 广泛收集相应技术、产品信息； 2. 负责产品的系统设计、概要设计、详细设计； 3. 核心产品技术攻关、新技术的研究； 4. 对研发的 3D 打印机进行单元测试，及时将测试结果按要求进行记录； 5. 负责试验设备仪器的维护和保养工作； 6. 不断升级原有产品，提出新的研发方案； 7. 完成上级交付的其他任务
	能 力 要 求
	1. 熟悉面向对象设计、数据库设计、开发模式、UML 建模语言和数据库模型设计工具； 2. 能够熟练使用开发和调试工具进行系统软件开发； 3. 了解或熟悉 3D 打印机，最好参与过 3D 打印机设计、开发与调试工作； 4. 表达能力强，有较好的沟通和团队协作能力，有足够的好奇心，喜欢接触新技术，对新技术的学习有较强的动力

2. 设计岗位

产品设计与研发人员通过对市场的了解，结合企业产品的开发计划，开发设计 3D 打印产品，并以图纸、编码等形式体现出来。对生产出来的产品能够进行更改调试，改进和优化原有产品，具体如表 1-2 所示。

表 1-2　3D 打印设计岗位

	岗 位 职 责
3D 打印 设计研发 工程师	1. 对市场进行调查，收集相关产品信息及需求，及时更新产品设计技术方案； 2. 根据企业产品开发计划，对产品从整体到内部进行系统性的结构设计； 3. 借助 3D 扫描仪生成产品空间信息，获取物品的 3D 模型数据； 4. 根据扫描数据模型，对产品进行加工设计； 5. 参与后期产品的批量生产，及时解决生产过程中遇到的加工问题； 6. 对设计图纸、设计内容归档保存； 7. 对产品进行定期升级改造
	能 力 要 求
	1. 能够适应时代要求，有一定的审美能力； 2. 设计过程中，与其他设计人员及时沟通，具有团队合作能力； 3. 熟练掌握各种开发软件与工具，熟悉建模语言，了解 3D 打印机的工作原理； 4. 吃苦耐劳，具有良好的沟通能力，能够把握好客户的设计要求

3. 生产操作岗位

3D 打印生产操作工程师主要负责 3D 打印机等机械设备的操作和产品生产，根据设计要求且依据产品的特点，选择合适的生产材料，严格把控产品质量，具体如表 1-3 所示。

表 1-3　3D 打印生产操作岗位

	岗 位 职 责
3D 打印 生产操作 工程师	1. 严格遵守上级领导下达的工作安排，有条不紊地完成生产任务； 2. 根据产品需要与设计师的设计要求，选择合适的材料制作产品； 3. 熟悉 3D 打印机的工作原理与操作规范，定期对 3D 打印机进行维护与保养； 4. 掌控产品的生产质量，配合质检员完成产品抽检工作； 5. 根据生产流程的安排，对产品进行抛光、上色等后续工作
	能 力 要 求
	1. 了解 3D 打印机的构造与操作步骤，保证生产安全； 2. 熟悉行业标准与国家标准，以此指导生产操作过程，熟悉工艺流程； 3. 对每天的工作任务进行记录，定期向上级汇报工作进程； 4. 具有良好的合作意识，动手能力强，能够及时处理生产过程中的突发事件

4. 质检岗位

3D 打印质检工程师主要负责对 3D 打印耗材进行质量检查，并对 3D 打印的生产过程和生产的产品数量与质量进行检查。检查过程中，如发现不符合要求的产品，要及时做出处理，并将检查结果反馈给相应工序的负责人，具体如表 1-4 所示。

表 1-4　3D 打印质检岗位概述

	岗 位 职 责
3D 打印 质检工程师	1. 制定产品质量检查规范，完善并维护质量检查管理体系，保证生产过程标准化； 2. 严格按照质量规范进行质检工作，保证生产过程标准化、有序推进； 3. 对质量不合格产品要精确定位问题，配合相应岗位尽快进行整改，保证产品合格； 4. 对产品的生产、出入库严格把控，做好质量检查记录，对相关资料归档保存； 5. 配合研发、技术人员进行新产品试制及质量控制
	能 力 要 求
	1. 熟悉 3D 打印产品相关的行业标准及国家标准； 2. 了解 3D 打印产品的生产过程及生产特点； 3. 掌握行业内的产品检查规范及标准，具有生产现场品质管理的经验； 4. 认真负责，能够随机应变处理问题，语言组织能力强，爱岗敬业，具有团队意识

5. 上色岗位

3D 打印上色工程师的主要工作是根据不同的 3D 打印产品的设计要求，对打印后的产品进行最后一道上色工序，提升产品的视觉感受，增加产品的独特性与标志性，具体如表 1-5 所示。

表 1-5　3D 打印上色岗位

3D 打印 上色工程师	岗 位 职 责
	1. 根据设计需求，使用相应的工具对产品进行前处理和上色操作；
	2. 及时与设计人员进行沟通，防止上色错误；
	3. 对生产出来的产品具有话语权，对不符合最终要求的产品提出修改意见；
	4. 通过色彩搭配，展示产品的使用功能，提供良好的感官享受，制作出高品质的成品
	能 力 要 求
	1. 具有色彩感知力和艺术创造力；
	2. 根据产品特点，使用正确的颜色和工具进行上色处理；
	3. 具有良好的沟通能力和超强的职业责任感，执行力强，具有团队合作精神

6. 销售岗位

3D 打印销售岗位负责将公司生产的产品推广出去，获得客户认可。通过与客户的有效沟通，让客户了解公司产品、购买公司产品、开拓产品市场，并且要负责售后服务的各个环节，具体如表 1-6 所示。

表 1-6　3D 打印销售岗位

3D 打印 销售人员	岗 位 职 责
	1. 分析市场环境，了解市场动向，为设计人员提供设计的参考意见；
	2. 通过个人魅力建立自己的营销客户群，拓展个人业务；
	3. 根据公司销售计划制定个人营销方案，与他人合作共同完成公司安排的任务；
	4. 听从领导安排，服从公司各项管理制度，严格遵守公司相关章程；
	5. 定期对客户进行回访，维系老客户的感情并不断发展新客户
	能 力 要 求
	1. 语言表达能力强，善于沟通，能够展现公司产品的特点；
	2. 熟悉 3D 打印行业的需求，了解国家经济发展政策；
	3. 熟悉本公司的各项产品，熟练展现本公司产品的功能与特点；
	4. 客户服务意识强，态度端正，有责任心，抗打压能力强；
	5. 爱岗敬业，待人真诚，熟悉客户心理学相关知识

3D 打印在全国各行各业均有涉及，应用 3D 打印技术的企业千千万万，从仪器设备生产商、打印服务商、售后服务商到材料生产商等数不胜数。这些企业都需要大量的 3D 打印技术工程师、研发者、一线操作员、售前售后工程师等。物以稀为贵，3D 打印从业者的平均薪资目前排在所有技术性岗位从业者的前列，就业前景光明。

课 后 习 题

1. 简述 3D 打印的定义，谈谈 3D 打印与一般 2D 打印的区别和联系。

2. 结合 3D 打印的应用介绍，你认为未来 3D 打印在哪个领域最具有应用前景？

3. 结合 3D 打印的就业岗位职责及能力要求，谈谈自己比较适合从事哪个岗位。

第二章

3D 打印的流程及特点

学习目标

① 掌握 3D 打印的基本原理；
② 掌握 3D 打印的基本流程；
③ 了解 3D 打印的特点。

教学要点

知识要点	能力要求	相关知识
3D 打印的基本原理	掌握 3D 打印的基本原理	3D 打印的基本原理
3D 打印的基本流程	掌握 3D 打印的基本流程	前处理 分层叠加成型加工 后处理
3D 打印的特点	了解 3D 打印的特点	3D 打印的特点

2.1　3D 打印的基本原理

　　如第一章所讲，3D 打印是快速成型技术的一种，它是以数字模型文件为基础，运用粉末状金属或塑料等材料，通过逐层打印的方式来构造物体形状的技术。目前 3D 打印技术大致分为挤出成型、粒状物料成型、光聚合成三大类技术，每种类型又包括一种或多种技术路径。目前常见的 3D 打印技术有 3DP(Three-Dimensional Printing)技术、熔融沉积成型技术(Fused Deposition Modeling，FDM)、激光光固化技术(Stereo Lithography Apparatus，SLA)、选区激光烧结技术(Selective Laser Sintering，SLS)、激光成型技术(Digital Light Processing，DLP)、分层实体制造技术(Laminated Object Manufacturing，LOM)和无模铸型制造技术 (Patternless Casting Manufacturing，PCM)

等。虽然每种技术都有其独特的工艺原理，但这些技术的基本原理都是离散—堆积成型原理。如图 2-1 所示是 3D 打印的离散—堆积成型原理，将计算机上制作的三维模型(CAD 模型，通常是 cad 和 stl 文件)离散成一系列层片，通过数据分析优化处理得到各层片的二维轮廓信息，由 3D 打印机数控喷头按照生成的加工路径，加工出轮廓薄片，并通过层面堆积成三维实体模型，然后通过对坯件进行珠光处理/蒸汽平滑、组装等形成产品实体。

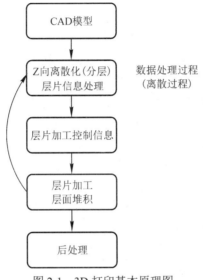

图 2-1　3D 打印基本原理图

2.2　3D 打印的基本流程

3D 打印的基本流程一般为前处理、分层叠加成型加工、后处理三大基本流程。

1. 前处理

前处理包括产品三维模型的构建、三维模型的近似处理和三维模型的切片处理。

1) 三维模型的构建

除了三维软件直接构建外，也可以将已有产品的二维图样进行转化而形成三维模型，或对产品实体进行激光扫描、CT 断层扫描得到点云数据，然后利用反求工程的方法来构造三维模型。

2) 三维模型的近似处理

由于产品往往有一些不规则的自由曲面，因此在加工前要对模型进行近似处理，以方便后续的数据处理工作。

stl 文件格式是用一系列的小三角形平面来逼近原来的模型，由于此格式文件简单，目前已成为增材制造领域的准标准接口文件。stl 文件有二进制码和 ASCII 码两种输出形式，二进制码输出形式所占空间小，ASCII 码输出形式可以进行阅读和检查。典型的 CAD 软件都带有转换和输出 stl 格式文件的功能。

3) 三维模型的切片处理

将建好的模型生成为 stl 或者 obj 中间格式，然后将数据载入切片软件进行切片操作。

切片实际上就是在成型高度方向上用一系列一定间隔的平面切割模型，把 3D 模型切成一片一片，以便提取截面的轮廓信息。设计好打印的路径(填充密度、角度、外壳等)，并将切片后的文件储存成 gcode 格式或 x3g 格式(3D 打印机能直接读取的数据流格式文件)，然后再通过 3D 打印机控制软件，把 Gcode 文件发送给打印机并控制 3D 打印机的参数进行运动，使其完成打印。

2. 分层叠加成型加工

分层叠加成型加工，即 3D 打印的过程，是增材制造的核心，包括模型截面轮廓的制作与截面轮廓的叠合。即增材制造设备根据切片处理的截面轮廓，在计算机的控制下，相应的成型头(激光头或喷头)按各截面轮廓信息做扫描运动，在工作台上一层一层地堆积材料，然后将各层相粘结，最终得到原型产品。

在实际操作中，启动 3D 打印机，通过数据线、SD 卡等方式把 stl 格式的模型切片得到 gcode 文件传送给 3D 打印机，同时装入 3D 打印材料，调试打印平台，设定打印参数，然后打印机开始工作，材料会一层一层地打印出来，层与层之间通过特殊的胶水进行粘合，并按照横截面将图案固定住，最后一层一层叠加起来，就像盖房子一样，砖块是一层一层的，但累积起来后，就成了一个立体的房子。最终经过分层打印、层层粘合、逐层堆砌，一个完整的物品即呈现出来。

3. 后处理

从成型系统里取出成型件，根据不同的使用场景和要求进行后期处理，如进行剥离、打磨、抛光、涂挂、后固化、修补、打磨、抛光和表面强化处理，或放在高温炉中进行后烧结，进一步提高其强度。

比如在打印一些悬空结构的时候，需要有个支撑结构顶起来，然后才可以打印悬空上面的部分，对于这部分多余的支撑需要做后期处理去掉它们；有时打印出来的物品表面会比较粗糙，需要抛光；有时为了加强模具成型强度，需进行静置、强制固化、去粉、包覆等处理。

2.3　3D 打印的特点

3D 打印带来了制造业的又一次革命，其工作过程不需要机械加工或模具就能直接从计算机图形数据中生成所需实物，从而极大地缩短产品的生产周期，提高了生产效率，其特点归纳起来主要体现在：

(1) 利用计算机辅助制造技术、现代信息技术以及新材料技术等，通过综合集成的方式构成完整的生产制造体系。

(2) 3D 打印技术具有设计、制造高度一体化的特点，该技术不受产品结构复杂程度等方面的限制，它能够制造出任意形状的三维实体产品，属于一种自动化的成型过程。

(3) 3D 打印技术的生产过程具有高度柔性化的特点。在此过程中，能够依据客户的需求对产品的品种以及规格等进行相应的调整。在调整的过程中，仅仅需要将 CAD 模型改动，对相关的参数进行重新的设置，即可确保整个生产线与市场变化的情况相适应，同时还有可调节性的支撑，进一步保障了产品质量。

(4) 3D 打印技术具有生产产品速度快的特点。应用该打印技术能够提升产品成型的速度，同时缩短加工周期，从而使设计人员能够在短时间内将设计思想物化成三维实体，并对其外观形状以及装配等展开测试。

(5) 其打印材料具有相应的广泛性。3D 打印技术所应用的材料具有广泛性，不管是金属材料还是陶瓷材料等，都适用于打印生产操作。

与传统制造对比，3D 打印具有以下优势：

(1) 降低产品制造的复杂程度。与传统制造业通过模具、车铣等机械加工方式对原材料进行定型、切削以生成最终生产产品不同，3D 打印将三维实体变为若干个二维平面，通过对材料处理并逐层叠加进行生产，大大降低了制造的复杂度。

(2) 扩大生产制造的范围。这种数字化制造模式不需要复杂的工艺、不需要庞大的机床、不需要众多的人力，直接从计算机图形数据中便可生成任何形状的零件，使生产制造得以向更广的生产人群范围延伸，可以制造出任何形状的物品。

(3) 缩短生产制造时间。提高生产效率，用传统方法制造出一个模型，根据模型的尺寸以及复杂程度，通常需要花费数小时到数天时间，而使用 3D 打印技术，根据打印机的性能以及模型的尺寸和复杂程度，则可以将时间缩短为数小时到数十分钟。

(4) 减少产品制造的流程。实现了首件的近净成型，这样后期辅助加工量大大减少，避免了委外加工的数据泄密和时间跨度，尤其适合一些高保密性的行业，如军工、核电领域。

(5) 即时生产且能够满足客户个性化需求。3D 打印机可以按需打印，即时生产减少了企业的实物库存，企业可以根据客户订单使用 3D 打印机制造出特别的或定制的产品以满足客户需求。

(6) 开发更加丰富多彩的产品。传统制造技术和工匠制造的产品形状有限，制造形状的能力受限于所使用的工具。3D 打印机可以突破这些局限，开辟巨大的设计空间，甚至可以制作目前可能只存在于自然界的形状。

(7) 提高原材料的利用效率。与传统的金属制造技术相比，3D 打印机制造金属产品时产生较少的副产品。随着打印材料的进步，"净成型"制造可能成为更环保的加工方式。

(8) 提高产品的精确度。扫描技术和 3D 打印技术将共同提高实体世界和数字世界之间形态转换的分辨率，可以扫描、编辑和复制实体对象，创建精确的副本或优化原件。

3D 打印技术与传统制造业在本质上有很大差异。传统制造业是通过对原材料的磨削、腐蚀、切割以及熔融等步骤后，各个零部件通过焊接、组装等方法形成最终产品，其制造过程烦琐复杂，消耗大量人力的同时，也浪费了许多材料。对 3D 打印技术来说，可直接参照计算机提供的图像数据，再利用添加材料的方式即可生成想要的模型，节省了原胚及模具的使用，产品的制造程序更简单，所制作的成品具有高效率、低成本的优势，给人们带来了极大的便利，3D 打印技术与传统制造技术的主要差异如表 2-1 所示。

表 2-1　3D 打印技术与传统制造技术的比较

类别	3D 打印技术	传统机械制造
基本技术	FDM，SLA，SLS，LOM，3DP	削、钻、铣、磨、铸、锻
核心原理	分层制造、逐层叠加	几何控形
技术特点	"增"材制造——加法	"减"材制造——减法
适用场合	小批量、造型复杂；特殊功能性零部件	大规模、批量化；不受限
使用材料	塑料、光敏树脂、金属粉末等(受限)	几乎所有材料
材料利用率	较高，可超过95%	较低，有浪费
应用领域	模具、样件、异形件等	广泛不受限制
构件强度	有待提高	较好
产品周期	较短	相对较长
智能化	容易实现	不容易实现

3D 打印技术相对传统制造技术来讲是一次重大的技术革命，它能够解决传统制造业所不能解决的技术难题，对传统制造业的转型升级和结构性调整将起到积极的推动作用。但传统制造业所擅长的批量化、规模化、精益化生产，恰恰是 3D 打印技术的短板。从技术上分析，目前 3D 打印技术只能根据对物品外部扫描获得的数据或者根据 CAD 软件设计的物品数据打印出产品，并且只能用来表达物品外观几何尺寸、颜色等属性，无法打印产品的全部功能。因此，从成本核算、材料约束、工艺水平等多方面因素综合比较来看，3D 打印并不能够完全替代传统的生产方式，而是要为传统制造业的创新发展注入新鲜动力。

课 后 习 题

1. 简述 3D 打印的基本原理。
2. 简述 3D 打印的基本流程。
3. 简述 3D 打印的特点。

第三章

3D 打印技术主流工艺

学习目标

① 了解 3D 打印技术的工艺；
② 掌握 3D 打印技术八种主流工艺的原理、特点和成型材料。

教学要点

知识要点	能力要求	相关知识
3D 打印技术工艺	了解 3D 打印技术工艺	3D 打印技术工艺分类及主要应用
3D 打印的九种主流工艺	掌握 3D 打印的九种主流工艺的原理、特点和成型材料	光固化成型
		熔融沉积成型
		激光选区烧结成型
		分层实体制造
		三维打印快速成型
		激光选区熔化成型
		电子束选区熔化成型
		丝材电弧增材制造技术

增材制造(Additive Manufacturing，俗称 3D 打印)技术是一种采用高能电子束为热源，通过材料逐层堆积实现构件无模成型的数字化制造技术。3D 打印技术是一系列快速成型技术的统称，其基本原理都是基于平面离散/堆积的成型方法。该方法首先在 CAD 造型系统中获得一个三维 CAD 模型，或通过测量仪器取得实体形状尺寸后转化成 CAD 模型，再对模型数据进行处理，沿某一方向做平面"分层"离散，最后通过专有 CAM 系统形成各层面的成型路径，并用快速成型机将成型材料逐层堆积成型。

3D 打印和传统打印设备非常相似，都是由控制组件、机械组件、打印头、耗材和

介质等架构组成，并且打印过程也类似。对于设备用户而言，3D 打印和传统打印的最
主要区别是，3D 打印需要在电脑上先设计出一个完整的三维立体模型，然后再进行打
印输出。

　　3D 打印技术有很多种工艺方法，但是所有的增材制造工艺方法都是一层一层地制
造零件，不同的是每种方法所用的材料不同，制造每一层添加材料的方式不同。通常来
说，不同种类的 3D 打印技术主要是通过热源种类、原材料状态以及成型方式加以区分。
3D 打印的热源主要有激光、电子束和电弧，原材料状态主要为粉末和丝材，成型方式
主要包括铺料、送料条件下的烧结成型及熔化成型。例如对于金属材料，目前广泛用于
金属零件 3D 打印制造的主要工艺有 4 种：激光熔化沉积成型(Laser Metal Deposition，
LMD)、激光选区熔化成型(Selective Laser Melting，SLM)、电子束选区熔化成型(Electron
Beam Selective Melting，EBSM)、丝材电弧增材制造技术(Wire Arc Additive Manufacture，
WAAM)。

　　由于可用打印的材料种类繁多，从各式各样的塑料到金属、陶瓷以及橡胶类物质，甚
至有些打印机还能结合不同材料和工艺进行打印。在本章中将分别对 3D 打印的八种主流
工艺的技术原理、工艺过程、特点和所用材料进行介绍。

3.1　光固化成型(SLA)

　　光固化成型(Stereo Lithography Apparatus，SLA) 也被称为"立体光固化成型法"，是
世界上最早出现并实现商品化的一种快速成型(Rapid Prototyping，RP)技术，也是研究最深
入、技术最成熟、应用最广泛的快速成型技术之一。

　　1986 年，美国 Charles Hull 博士在其一篇论文中提出使用激光照射光敏树脂表面，并
固化制作三维物体的概念，之后 Charles Hull 申请了相关专利。当年便出现 SLA 的雏形，
SLA 是被最早提出并实现商业应用的成型技术。

3.1.1　SLA 技术原理

　　光固化成型 (SLA) 技术是基于液态光敏树脂的光聚合原理，具体如下：

　　(1) 通过 CAD 设计出三维实体模型，利用离散程序将模型进行切片处理，设计扫描路
径，产生的数据将精确控制激光扫描器和升降台的运动。

　　(2) 激光光束通过数控装置控制的扫描器，按设计的扫描路径照射到液态光敏树脂表
面，使表面特定区域内的一层树脂固化，当一层加工完毕后，就生成零件的一个截面。

　　(3) 工作台下降一定距离，固化层上覆盖另一层液态树脂，再进行第二层扫描，第二
固化层牢固地粘结在前一固化层上，这样一层层叠加而成三维工件原型。

　　(4) 将原型从树脂中取出后，进行最终固化，再经抛光、电镀、喷漆或着色处理即得
到符合要求的产品。

　　基于 SLA 的 3D 打印机主要由激光扫描振镜系统(激光器、扫描振镜系统)、光敏树脂
固化成型系统(工作台、缸体、光敏树脂)以及控制软件系统三个部分组成，其原理如图 3-1
所示。

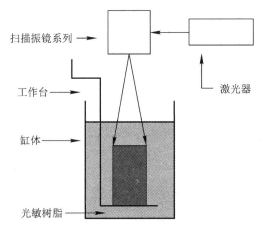

图 3-1　基于 SLA 的 3D 打印原理图

1. 激光扫描振镜系统工作原理

振镜系统是一种由驱动板与高速摆动电机组成的一个高精度、高速度伺服控制系统。由激光器射出一束激光光束，激光光束通过扫描振镜实现扫描的功能，当接收到一个位置信号后，振镜会按电压与角度的转换关系摆动相应的角度达到改变激光光束路径的目的，之后激光光束通过反射镜反射，实现光路放大的功能，最终到达光敏树脂处，如图 3-2 所示。

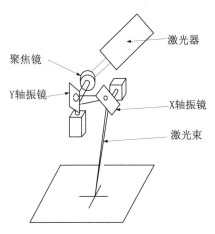

图 3-2　振镜扫描方式

2. 光敏树脂固化成型系统工作原理

系统以光敏树脂为原材料，在相应波长光源的作用下，光敏材料发生光聚合反应，控制软件系统将零件进行切片和路径规划，并控制激光按零件的二维截面信息在基板上逐点进行扫描，被扫描区域的光敏树脂在光源的作用下产生光聚合反应而固化，形成零件的一个切片层。在一层切片层扫描固化完毕后，控制软件系统控制工作台下降一个层厚的距离，使得原先固化好的树脂表面被再次填充一层液态光敏树脂，然后进行下一层的扫描填充加工，新固化的切片层将牢固地粘连在上一层上，如此反复即可完成整个零件的加工。

3. 控制软件系统工作原理

控制软件系统主要完成零件的三维造型、切片、路径规划，用来获得直角坐标系下的数据信息，并控制 XY 振镜实现 X 轴、Y 轴的扫描，控制 Z 轴电机实现 Z 向位置控制。

3.1.2　SLA 工艺过程

光固化快速成型的制作一般可以分为前期数据处理、光固化成型加工和后处理三个阶段，其具体工艺过程如图 3-3 所示。

1. 前期数据处理阶段

前期数据处理是成型加工的第一步，它的主要作用是从CAD的三维模型中获取快速成型所需要的控制信息(即将 CAD 模型进行分层处理)，其数据的准确度直接反映成型制件的精度。前期的数据准备主要由以下 4 部分组成：

1) 三维实体造型

可以在 SolidWorks、UG、Pro/E、CATIA 大型三维设计软件上实现。

2) 数据模型转换

对产品CAD模型的近似处理，主要是生成格式文件。

3) 分层切片处理

光固化快速成型工艺本身是基于分层制造原理进行成型加工的，这也是快速成型技术可以将 CAD 三维数据

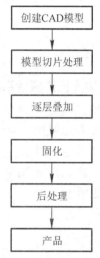

图 3-3　SLA 成型技术的工艺过程

模型直接生产为原型实体的原因。所以成型加工前，必须对三维模型进行分层切片。需要注意在进行切片处理之前，要选用 stl 文件格式，确定分层方向也是极其重要的。stl 模型截面与分层定向的平行面达到垂直状态，对产品的精度要求越高，所需要的平行面就越多。平行面的增多会使分层的层数增多，这样成型制件的精度会随之增大。使用者同时要注意到，尽管层数的增多会提高制作的性能，但是产品的制作周期会相应的增加，这样会增加相应的成本，降低生产效率，增加废品的产出率。因此使用者要在试验的基础上，选择相对合理的分层数量，达到最合理的工艺流程。

4) 设计支撑

在光固化快速成型加工过程中，对于悬臂或是孤立的轮廓等结构模型，常常会出现翘曲变形现象，这是因为它们在液态树脂上形成时，不受约束力，所以此时需要添加支撑。而在设计支撑时，要充分考虑支撑是否能够容易去除，若支撑很难去除，则会对成型制件的表面质量造成影响。目前，常用的支撑类型主要有：点支撑、线支撑、网支撑和十字支撑等。

2. 光固化成型加工阶段

特定的成型机是进行光固化打印的基础设备。在成型前，需要先将成型机启动，并将光敏树脂加热到符合成型的温度，一般为 38 ℃，之后打开紫外线激光器，待设备运行稳定后，打开工控机，输入特定的数据信息，该信息主要根据所需要的树脂模型的需求来确

定。当进行最后数据处理的时候,需要用到典型切片软件 RP/Data。通过 RP/Data 软件来制定光固化成型的工艺参数,需要设定的主要工艺参数为:填充距离与方式、扫描间距、填充扫描速度、边缘轮廓扫描速度、支撑扫描速度、层间等待时间、跳跃速度、刮板涂铺控制速度及光斑补偿参数等。根据试验的要求选择特定的工艺参数之后,计算机控制系统会在特定的物化反应下使光敏树脂材料有效固化。根据试验要求,固定工作台的角度与位置,使其处于材料液面以下特定的位置,根据零点位置调整扫描器,当一切参数按试验要求准备妥当后,固化试验即可开始。紫外光按照系统指令照射指定薄层,使被照射的光明材料迅速固化。当紫外线固化一层树脂材料之后,升降台会下降,使另一层光敏材料重复上述试验过程,如此不断循环重复,根据计算机软件设定的参数达到试验要求的固化材料厚度,最终获得实体原型。

3. 后处理阶段

由于光固化的成型原理,在成型过程中需要添加支撑,同时还会产生台阶效应,所以 SLA 成型件需要进行清洗、去支撑、表面打磨和后固化等后处理工艺。清洗是指用酒精或其他有机溶剂将成型件表面残留的光敏树脂彻底洗掉。去支撑即去除因加工过程中生成的用于起到支撑作用的多余结构,通常使用裁剪工具,内部支撑可不去除。表面打磨是指用较细的砂纸打磨成型件表面,从而达到较好的粗糙度和尺寸精度,特别是台阶效应明显和有支撑的部位。后固化即对于固化不完全的零件还需要进行二次固化,以提高成型件的强度。

3.1.3　SLA 技术的优缺点

1. SLA 技术的优点

相较于其他打印技术而言,SLA 技术主要有以下优点:

(1) 光固化成型法是最早出现的快速原型制造工艺,成型过程稳定,自动化程度高。

(2) 由 CAD 数字模型直接制成产品原型,加工速度快,产品生产周期短,无需切削工具与模具。

(3) 可以构建结构复杂、尺寸比较精细的工件,加工结构外形复杂或使用传统手段难以成型的原型和模具。

(4) 使 CAD 数字模型直观化,降低错误修复的成本。

(5) 为试验提供试样,可以对计算机仿真计算的结果进行验证与校核。

2. SLA 技术的缺点

相较于其他打印技术而言,SLA 技术主要有以下缺点:

(1) SLA 设备普遍造价高昂,使用和维护成本很高。

(2) SLA 设备对工作环境要求苛刻,通常需要恒温、恒湿的密闭空间。

(3) 成型件多为树脂类,强度、刚度、耐热性有限,不利于长时间保存。

(4) 支撑结构需在 SLA 成型件未完全固化时手工去除,而此时容易破坏成型件的表面。

(5) 经 SLA 系统光固化后的原型件并未完全被激光固化。在很多情况下,为提高模型的使用性能和稳定性,通常需要进行二次固化,且固化后的成型件强度较弱,不便进行机械加工。

3.2　熔融沉积成型(FDM)

熔融沉积成型(Fused Deposition Modeling，FDM)是较早应用的快速成型技术之一，由斯科特·克鲁姆普(S.Scott Crump)于 20 世纪 80 年代发明。此外，他创立的 Stratasys 公司于 1992 年推出了第一台基于 FDM 技术的打印机。

3.2.1　FDM 技术原理

熔融沉积成型法(FDM)的工作原理如图 3-4 所示，FDM 是将丝状热熔性材料加热熔化，通过一个微细喷头挤喷出来。喷头沿 XY 轴方向移动，工作台沿 Z 轴方向移动。若热熔性材料的温度始终稍高于固化温度，就能保证该材料挤喷出喷嘴后与前一层面熔结。之后，工作台按预定增量下降一层厚度，再继续熔喷沉积，直至完成整个实体造型。

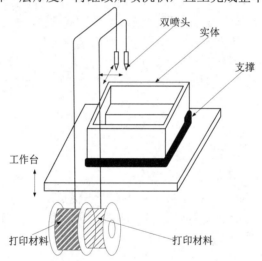

图 3-4　FDM 工作原理图

FDM 工艺的关键是保持半流动成型材料刚好在凝固点之上，通常控制在比凝固温度高 1 度左右。FDM 喷头受水平分层数据的控制，当它沿着 XY 方向移动时，半流动融丝材料从 FDM 喷头挤压出来，并很快凝固，形成精确的薄层。每层厚度范围在 0.025～0.762 mm，一层叠一层，最终形成整体。

FDM 工艺在原型制作时需要同时制作支撑，为此采用了双喷头。一个用于沉积模型材料，一个用于沉积支撑材料。模型材料丝精细而且成本较高，沉积效率较低；支撑材料丝较粗且成本较低，沉积效率较高。建议选择水溶性支撑材料，以便于后续去除。

3.2.2　FDM 工艺过程

和其他快速成型工艺过程一样，FDM 工艺过程也分为前处理、分层叠加成型及后处理三个阶段。对于 FDM，本书重点讲一下前处理阶段中模型数据的切片处理以及分层叠加成型阶段。

(1) 模型数据的切片处理。通过切片软件按照成型方向将 stl 文件按照设定层厚切片，完成三维模型到二维数据的转换，获得模型相关轮廓信息以及双喷头相关控制信息 G 代码。

根据切片获得 G 代码，控制系统通信后读取解析相关 G 代码，完成对 XYZ 三轴、双喷头挤出机、双喷头温度以及双喷头协调交替工作等模块的控制，实现每一层的快速打印。

(2) 分层叠加成型。当一层打印完成，底板工作台下降一个层高，再进行新一轮打印。

重复上两步，直到每一层打印完成，最终获得双喷头打印实物模型，然后打印机回到等待坐标停止工作。

3.2.3 FDM 技术的优缺点

1. FDM 技术的优点

相较于其他打印技术而言，FDM 技术主要有以下优点：

(1) 成本较低。不需要其他快速成型系统中昂贵的激光器，系统价格较低，原材料的利用效率高且没有毒气或化学物质的污染，使得材料成型成本大大降低。

(2) 可构建复杂的内腔、中空零件以及一次成型的装配结构件。

(3) 环境污染较小。是办公室环境的理想桌面制造系统。

(4) 成型材料范围较广。多用热塑性材料，一般采用低熔点丝状材料，大多为高分子材料，如可染色的 ABS 和医用 ABS、聚酯 PC、聚砜 PPSF、PLA 和聚乙烯醇 PVA 等。

(5) 后处理简单。采用水溶性支撑材料，使得去除支撑结构简单易行，剥离支撑后，原型即可使用。

2. FDM 技术的缺点

相较于其他打印技术而言，FDM 技术主要有以下缺点：

(1) 成型时间相对较慢，不适合构建大型零件。

(2) 喷头容易发生堵塞，不便于维护。

(3) 需要设计和制作支撑结构。

3.3 激光选区烧结成型(SLS)

激光选区烧结成型(Selective Laser Sintering，SLS)是最成熟的快速原型制造技术之一，它与其他快速原型技术一样，可以有选择地将可熔化粘结的粉末烧结成型并层层叠加成实体，是一种基于离散和堆积原理的崭新制造技术。

SLS 是 1989 年由美国德克萨斯大学 C.R.Dechard 提出的，随后 C.R.Dechard 创立了 DTM 公司，并于 1992 年发布了基于 SLS 技术的工业级商用 3D 打印机 Sinterstation。

3.3.1 SLS 技术原理

激光选区烧结成型(SLS)的工作原理如图 3-5 所示。SLS 采用 CO_2 激光器进行选择性烧结，一般使用粉末材料。工作时先在工作台上均匀地铺上一层薄的热敏粉末，辅助加热装置将其加热到熔点以下温度。在此粉末层面上，激光在计算机控制下按照该层信息进行有选择性的烧结，被烧结部分固化构成原型实心部分。一层烧结完成后进行下一层烧结并与上层粘结，逐层全部烧结完毕，去除多余粉末便得到零件原型。

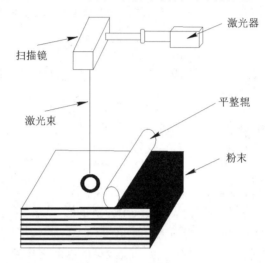

图 3-5　SLS 工作原理图

从 SLS 技术的原理可以看出，该制造系统主要由控制系统、机械系统、激光器及冷却系统等几部分组成。SLS 快速成型工艺的主要参数如下：

(1) 激光扫描速度。激光扫描速度影响着烧结过程的能量输入和烧结速度，通常是根据激光器的型号规格进行选定。

(2) 激光功率。激光功率应当根据层厚的变化与扫描速度综合考虑选定，通常是根据激光器的型号规格不同按百分比选定。

(3) 烧结间距。烧结间距的大小决定着单位面积烧结路线的疏密，影响烧结过程中激光能量的输入。

(4) 单层厚度。单层厚度直接影响制件的加工烧结时间和制件的表面质量。单层厚度越小制件台阶纹越小，表面质量越好，越接近实际形状，同时加工时间也越长。单层厚度对激光能量的需求也有影响。

(5) 扫描方式。扫描方式是激光束在"画"制件切片轮廓时所遵循的规则，它影响该工艺的烧结效率并对表面质量有一定影响。

3.3.2　SLS 工艺过程

和其他快速成型工艺过程一样，SLS 工艺过程也分为前处理、分层叠加成型及后处理三个阶段。对于 SLS，分层叠加成型阶段实为分层烧结堆积过程。

分层烧结堆积过程主要有两点：

(1) 预热。由于粉末烧结需要在一个较高的材料熔化温度下进行，为了提高烧结效率和改善烧结质量，需要首先达到一个临界温度，为此烧结前应对成型系统进行预热处理。

(2) 原型制作。当预热完毕，所有参数设定完成，才可根据给定的工艺参数自动完成原型所有切层的烧结堆积过程。

3.3.3　SLS 技术的优缺点

1. SLS 技术的优点

相较于其他打印技术而言，SLS 技术主要有以下优点：

(1) 可采用多种材料。这种方法可采用加热时黏度降低的任何粉末材料，从高分子材料粉末到金属粉末、陶瓷粉末、石英砂粉都可用作烧结材料。

(2) 无需支撑，制造工艺简单。由于未烧结的粉末可对模型的空腔和悬臂部分起支撑作用，不必像 SLA 和 FDM 工艺那样另外设计支撑结构，因此可以直接生产形状较复杂的原型及部件。

(3) 材料利用率高，价格便宜，成本较低。

(4) 成型精度高。依赖于所使用材料的种类、粒径、产品的几何形状及复杂程度等，该技术能够达到工件整体范围内 ±(0.05～2.5) mm 的公差。当粉末粒径在 0.1 mm 以下时，原型精度可达 ±1%。

2. SLS 技术的缺点

相较于其他打印技术而言，SLS 技术主要有以下缺点：

(1) 工作时间较长。在加工之前，需要大约 2 h 把粉末材料加热到临近熔点。在加工之后需要大约 5～10 h，等到工件冷却之后，才能从粉末缸里面取出原型制件。

(2) 后处理较复杂。SLS 技术原型制件在加工过程中，是通过加热并熔化粉末材料实现逐层的粘结，因此制件的表面呈现出颗粒状，需要进行一定的后处理。

(3) 烧结过程会产生异味。粉层需要激光使其加热到熔化状态，高分子粉末材料或者粉粒在激光烧结时会挥发产生异味。

(4) 设备价格较高。为了保障工艺过程的安全性，需要在加工室里面充满氮气，所以设备成本较高。

3.4　分层实体制造(LOM)

分层实体制造(Laminated Object Manufacturing，LOM)又称叠层实体制造或薄型材料选择性切割，是快速成型制造领域最具代表性的技术之一。

1984 年，Michael Feygin 提出了分层实体制造(LOM)方法。Michael Feygin 于 1985 年组建了 Helisys 公司，并且基于 LOM 成型原理，于 1990 年开发出了世界上第一台商用 LOM 设备——LOM—10150。这项技术自问世以来，由于多使用纸材，具有成本低廉、制件精度高且外观优美等优点，因此受到了人们广泛的关注。在产品概念设计可视化、造型设计评估、装配检验、熔模铸造型芯、砂型铸造木模、快速制模母模以及直接制模等方面有较广阔的应用前景。

3.4.1 LOM 技术原理

分层实体制造技术(LOM)的工作原理如图 3-6 所示，具体如下：

首先将涂有热熔胶的纸通过热压辊的碾压作用与前一层纸粘结在一起，然后让激光束按照对 CAD 模型分层处理后获得的截面轮廓数据对当前层的纸进行截面轮廓扫描切割，切割出截面的对应轮廓后，对当前层的非截面轮廓部分切割成网格状，然后使工作台下降，再将新的一层纸铺在前一层的上面，再通过热压辊碾压，使当前层的纸与下面已切割的层粘接在一起，再次由激光束进行扫描切割。如此反复工作，直到切割出所有各层的轮廓。分层实体制造中，不属于截面轮廓的纸片以网格状保留在原处，起着支撑和固化的作用。

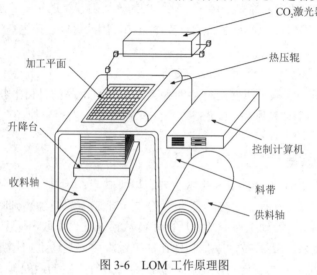

图 3-6　LOM 工作原理图

3.4.2 LOM 工艺过程

采用 LOM 技术打印的具体工艺过程如图 3-7 所示。

(1) 在图 3-7 所示中，CAD 模型的形成与一般的 CAD 造型过程没有区别，其作用是进行零件的三维几何造型，此外还需将零件的实体造型转化成易于对其进行分层处理的 stl 格式。

(2) 模型 Z 向离散(分层)是一个切片的过程，它将 stl 文件格式的 CAD 模型根据有利于零件堆积制造而优选的特殊方位，横截成一系列具有一定厚度的薄层，得到每一切层的内外轮廓等几何信息。

(3) 层面信息处理是根据经过分层处理后得到的层面几何信息，通过层面内外轮廓识别及料区的特性判断等，生成成型机工作的数控代码，以便成型机的激光头对每一层面进行精确加工。

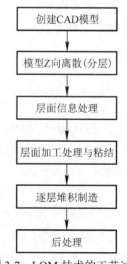

图 3-7　LOM 技术的工艺过程

(4) 层面加工处理与粘接是将新的切割层与前一层进行粘接，并根据生成的数控代码对当前面进行加工，包括对当前面进行截面轮廓切割以及网格切割。

(5) 逐层堆积是指当前层与前一层粘结且加工结束后，使零件下降一个层面，送纸机构送上新的纸，成型机再重新加工新的一层。如此反复工作，直到加工完成。

(6) 后处理是对成型机加工完的制件进行必要的处理，如清理嵌在加工件中不需要的余料等。余料去除后，为了提高产品表面质量或是进一步的翻制模具，就需要相应的后置处理，如防潮、防水、加固以及打磨产品表面等。经过必要的后置处理后，才能达到快速完成尺寸稳定性、表面质量、精度和强度等相关技术要求。

3.4.3 LOM 技术的优缺点

1. LOM 技术的优点

相较于其他打印技术而言，LOM 技术主要有以下优点：

(1) 成型速率较高。由于 LOM 工艺只需在片材上切割出零件内外轮廓，而不用扫描整个模型截面，因此工艺简单，成型速度快，易于制造大型零件。

(2) 制件精度很高。工艺工程中不存在材料相变，因此不易引起翘曲、变形现象，原型能承受高达 200 ℃的温度，有较高的硬度和较好的力学性能。

(3) 无需设计和制作支撑结构，前期处理的工作量较小。

(4) 在原材料成本方面有优势。相较于其他打印技术，LOM 技术使用的材料价格便宜，原型制作成本较低。

(5) 在成型空间大小方面有优势。由于 LOM 工作原理简单，通常不受工作空间的限制，可以制作较大尺寸的产品。

2. LOM 技术的缺点

相较于其他打印技术而言，LOM 技术主要有以下缺点：

(1) 由于原材料质地原因，成型件的抗拉强度和弹性都不够好；

(2) 打印过程有激光损耗，并需要专门实验室环境，维修费用高昂；

(3) 不易构建形状精细、多曲面的零件，仅限于结构简单的零件；

(4) 由于打印材料容易吸湿膨胀，打印完成后的模型必须立即进行表面防潮处理；

(5) Z 轴精度由材质和胶层厚度决定，工件表面普遍有台阶纹，需进行打磨处理。

3.5 三维打印快速成型(3DP)

三维打印快速成型(Three Dimensional Printing，3DP)是由美国麻省理工学院 Emanual Sachs 等人于 1992 年开发的一种基于微滴喷射的技术，该技术简化了一般成型过程的程序，采用类似于喷墨打印机独特的喷墨技术，只是将喷墨打印机墨盒中的墨水换成了液体粘结剂或者成型树脂。喷头将粘结剂根据前期设计的模型数据按照轮廓逐层喷射出来，将成型材料凝结成二维截面，多次重复此过程，并将各个截面堆积并重叠粘接在一起，最后得到所需要的完整的三维实体模型。该技术支持多种材料类型，可以制作出具有石膏、塑料、橡胶、陶瓷等属性的产品模型。不仅可以在设计时制作概念模型，而且可以工业化制作较大规格的产品模型。在生物领域，骨头或器官的成型也可通过 3DP 技术完成，不仅形状合适，而且只要适当选择材料还能解决其生物相容性等问题，甚至能将细胞排序直接成型出所需要的人体器官。

3.5.1　3DP 技术原理

三维打印快速成型技术(3DP)的工作原理如图 3-8 所示，先由铺粉辊从左往右移动，将供粉缸里的粉末均匀地在成型缸上铺上一层，按照设计好的零件模型，由打印头在第一层粉末上喷出零件最下一层截面的形状，然后成型缸平台向下移动一定距离，再由铺粉辊从供粉缸中平铺一层粉末到刚才打印完的粉末层上，打印头按照第二层截面的形状喷洒粘结剂，层层递进，最后得到由各个横截面层层重叠起来的零件整体。这种技术的优点是不但可以制作出内部空心的零件，而且还能制作出各种形状复杂、要求精细的零件模型，将原本只能在成型车间才能进行的工艺搬到了普通办公室，增加了设计应用面。

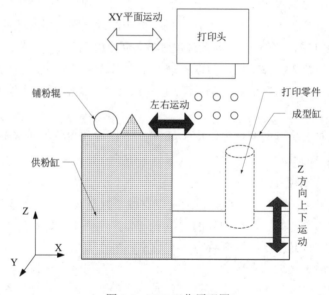

图 3-8　3DP 工作原理图

3.5.2　3DP 工艺过程

和其他快速成型工艺过程一样，3DP 工艺过程也分为前处理、分层叠加成型和后处理三个阶段。3DP 的分层叠加成型阶段实际上是截面加工和截面叠加两个过程。

截面加工是指在计算机控制下，打印机的喷头由数控系统控制，在 X-Y 平面内按截面轮廓进行扫描，通过粘结剂将零件的截面"印刷"在材料粉末上面，得到一层截面。

截面叠加是指每层截面形成之后，下一层材料被送至已成型的层面上，然后进行后一层的成型，并与前一层面相粘结，从而将一层层的截面逐步叠加在一起，最终形成三维产品。

3.5.3　3DP 技术的优缺点

1. 3DP 技术的优点

相较于其他打印技术而言，3DP 技术主要有以下优点：

(1) 成本低，体积小。由于 3DP 技术不需要复杂的激光系统，故使得整体造价大大降低，喷射结构高度集成化，整个设备系统简单、结构紧凑，可以将以往只能在工厂进行的成型过程搬到普通的办公室中。

(2) 材料类型选择广泛。3DP 技术成型材料可以是热塑性材料、光敏材料，也可以是一些具备特殊性能的无机粉末，如陶瓷、金属、淀粉、石膏及其他各种复合材料，还可以是成型复杂的梯度材料。

(3) 打印过程无污染。在打印过程中不会产生大量的热量，也不会产生有危害的挥发性有机物，无毒、无污染，是环境友好型技术。

(4) 成型速度快。打印头一般具有多个喷嘴，成型速度比采用单个激光头逐点扫描要快得多。虽然单个打印喷头的移动速度十分迅速，但是成型之后的干燥硬化速度很快。

(5) 运行维护费用低、可靠性高。打印喷头和设备维护简单，只需要简单地定期清理。每次使用的成型材料少，剩余材料可以继续重复使用，可靠性高，运行费用和维护费用低。

(6) 高度柔性。这种成型方式不受打印模具形状和结构的任何约束，理论上可打印任何形状的模型，可用于复杂模型的直接制造。

2. 3DP 技术的缺点

相较于其他打印技术而言，3DP 技术主要有以下缺点：

(1) 制件强度较低。由于该技术采用分层打印粘结成型，制件强度较其他快速成型方式稍低。因此，一般需要加入一些后处理程序(如干燥、涂胶等)以增强最终强度，延长所成型模具的使用寿命。

(2) 制件精度有待提高。虽然该技术已具备一定的成型精度，但是比起其他的快速成型技术，精度还有待提高，特别是液滴粘结粉末的三维打印快速成型技术，其表面精度受粉末成型材料特性和成型设备的约束比较明显。

3.6　激光选区熔化成型(SLM)

激光选区熔化成型(Selective Laser Melting，SLM)由于可以直接成型冶金结合、形状复杂的高精度金属零件，故其成为了目前最前沿的增材制造技术。它是近年来快速成型领域的研究热点。SLM 是一种基于激光熔化金属粉末的快速成型技术，能直接制造组织精密、机械性能良好、高精度的金属零件。

1995 年，德国 Fraunhofer 激光器研究所(Fraunhofer Institute for Laser Technology，ILT)最早提出了选择性激光选区熔化技术，它能直接成型出接近完全致密度的金属零件。SLM 技术克服了 SLS 技术制造金属零件工艺过程较复杂的困扰。

3.6.1　SLM 技术原理

激光选区熔化成型技术(SLM)的工作原理如图 3-9 所示，具体如下：

首先设计出零件的 3D 模型，然后对 3D 模型摆放成型角度，添加支撑和切片分层，最后对每一层的截面规划扫描路径。数据处理好之后就可以导入到成型机里进行加工。

加工的具体过程是：在每一层加工之前，成型缸下降一个切片厚度的距离，同时粉料缸上升一段距离，铺粉装置将金属粉末均匀地铺到成型平台上；在控制系统的控制下，扫描振镜导引激光束移动，选择性地熔化成型缸中的粉末，得到一个切片厚度的零件。然后重复以上步骤，逐层堆叠成三维金属零件。SLM 成型技术不仅具有增材制造共性的优势，还具有个性化制造、自由化制造、成型精度高等优势。

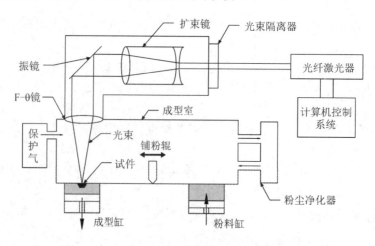

图 3-9　SLM 工作原理图

3.6.2　SLM 工艺过程

采用 SLM 技术打印的具体工艺过程如图 3-10 所示。

和其他快速成型工艺过程一样，SLM 工艺过程也分为前处理、分层叠加成型及后处理三个阶段。对于 SLM，分层叠加成型阶段实为分层熔化堆积过程。

3.6.3　SLM 技术的优缺点

1. SLM 技术的优点

相较于其他打印技术而言，SLM 技术主要有以下优点：

(1) SLM 技术可以直接获得空间结构复杂且完全冶金结合的功能零件，致密度超过 99%，基本达到了传统的铸造件水平。SLM 技术作为一种固态的自由成型工艺，通过对每一层粉末材料进行激光扫描，可以一层一层地制造出

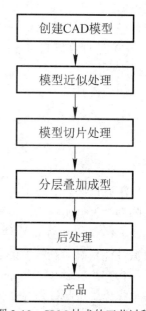

图 3-10　SLM 技术的工艺过程

任意复杂形状的金属零件,具有完全熔融、高硬度、快速冷却、热影响区狭窄、降低开裂敏感性等独特的优点,可以通过 SLM 技术来设计制造各种复杂功能性精密结构以及轻量化产品。

(2) 材料类型选择广泛。可以加工一些传统的金属及其合金材料,还可以用来制备一些传统工艺很难精细加工的高强度、高熔点的材料。目前用于 SLM 过程的合金包括不锈钢、钴铬合金(CoCr 合金)、镍基合金、铝(Al－Si－Mg 合金)和钛(Ti－6Al－4V 合金)等。

(3) 通过激光热源的作用可以实现粉末材料的快速熔化、凝固。成型零件的致密度很高,减少了传统加工工艺产生的组织缺陷,零件具有优良的机械性能且成型精度较高。

(4) 相对于传统减材制造,节约原材料,后处理也较简单,大大节省了成型制造成本,缩短了生产周期,尤其适合于复杂零件的小批量快速制造和个性化定制。

2. SLM 技术的缺点

相较于其他打印技术而言,SLM 技术主要有以下缺点:

(1) 由于激光热源的高能量密度的影响,成型过程不断伴随着复杂的物理反应和化学反应,其次在成型过程中粉末材料的快速熔融凝固不可避免地会在成型件内部产生气孔、裂纹以及残余应力等组织缺陷,影响制件的成型质量和机械性能。

(2) SLM 技术是一种将粉末完全熔融的制造技术,需进行后处理步骤才可得到高密度零件。

3.7　激光熔化沉积成型(LMD)

激光熔化沉积成型(Laser Metal Deposition,LMD)作为激光金属增材制造技术的一种典型工艺,是将增材制造的叠层累加原理和激光熔覆(Laser Cladding)技术有机结合,以金属粉末为加工原料,通过"激光熔化－快速凝固"逐层沉积,从而形成金属零件的制造技术。

当前激光熔化沉积成型技术的名称尚未统一,在许多场合也被称为激光净成型技术(Laser Engineering Net Shaping,LENS)、直接光学制造(Directed Light Fabrication,DLF)、直接金属沉积(Direct Metal Deposition,DMD)等,是 20 世纪 90 年代新兴的一种金属增材制造技术,该技术是从激光熔覆技术上发展而来的,就是通过利用高能激光束将同步送入的金属粉末熔化并逐层沉积在基板上形成沉积件。

3.7.1　LMD 技术原理

激光熔化沉积成型技术(LMD)的工作原理如图 3-11 所示,具体如下:

该技术成型系统包括:激光器、聚焦镜、送粉器、送粉喷嘴、运动控制系统和 X-Y平台等。其沉积原理为:首先激光器发出的激光经过聚焦镜形成高能激光束,并在金属基材表面形成熔池,同时送粉系统通过惰性气体同轴输送金属粉末进入熔池,这样熔化的金属液就在基体快速冷却凝固形成沉积层;然后控制系统通过控制激光工作头的运动,按照预先输入的扫描路径逐层沉积,最终成型出具有一定尺寸的金属零件。

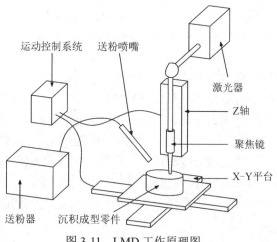

图 3-11　LMD 工作原理图

3.7.2　LMD 工艺过程

　　和其他快速成型工艺过程一样，LMD 工艺过程也分为前处理、分层叠加成型及后处理三个阶段。对于 LMD，分层叠加成型阶段实为熔化沉积过程。

　　需要说明的是，激光熔化沉积成型技术跟所有增材制造技术一样，在熔化沉积之前都要经过相应的软件系统处理。首先利用计算机辅助设计技术建立零件的 CAD 三维模型，并将其转化为 stl 文件，随之将复杂的三维实体模型"切"成相应厚度的一系列片层(即切片)，从而形成简单的二维图形；然后再进行切片处理，根据每个切片的轮廓信息来生成扫描路线数控代码，并设定合适的加工参数；最后通过控制系统实现成型机中相应系统的关联运动，逐层沉积得到实体零件，再根据实际需求进行相应的后处理。

3.7.3　LMD 技术的优缺点

1. LMD 技术的优点

　　相较于其他打印技术而言，LMD 具有如下优点：

　　(1) 成型尺寸无限制。从 LMD 技术与 SLM 技术的区别可以看出，LMD 技术最大的优点是不受工作台限制，可以任意打印较大尺寸的零件。

　　(2) 工序较少，加工周期短。可以将粉末直接近净成型为金属零件，工艺简单，适合成型传统加工无法完成的复杂结构零部件。

　　(3) 力学性能好。冷却速度快，沉积零件的组织致密、细小、均匀，力学性能显著提高。

　　(4) 加工的材料来源广泛。适合加工难熔金属或难加工材料，可以实现多材料零件的成型。

　　(5) 成型过程不需要采用铸造模型、模具或者锻造的大型锻压设备、模具以及其他加工工具，降低了制造成本和风险。

2. LMD 技术的缺点

　　LMD 技术也存在一些局限性，具体为：

(1) 需使用高功率激光器，设备造价较为昂贵。

(2) 成型时热应力较大。成型精度不高，所得金属零件尺寸精度和表面粗糙度都较差，需进行较多的机械加工处理后才能使用。

3.8　电子束选区熔化成型(EBSM)

电子束选区熔化成型(Electron Beam Selective Melting，EBSM)类似于激光选区熔化成型(SLM)，是利用电子束在真空室中逐层熔化金属粉末，由 CAD 模型直接制造金属零件。

瑞典 Arcam 公司最先开展了 EBSM 技术成型的设备开发和成型工艺的研究，并于 2002 年相继推出商业化的设备 EBM－S12 和 EBM－S12T，成功应用于工具钢和钛合金的成型。

3.8.1　EBSM 技术原理

电子束选区熔化成型(EBSM)技术与 SLM 原理相似，只是采用的热源不是激光，而是在一个高度真空的打印腔中采用电子束来作为热源，以金属粉末作为成型材料，高速扫描加热预置的粉末，通过逐层熔化叠加，获得金属零件。

EBSM 工作原理如图 3-12 所示，预先在成型平台上铺展一层金属粉末，电子束在计算机的控制下按照截面轮廓信息对粉末层进行扫描，有选择地熔化粉末材料；上一层成型完成后，成型平台下降一个粉末层厚度的高度，然后再铺粉、扫描、选择性熔化，如此反复工作，逐层沉积实现 3D 实体零件的成型；最后去除多余的粉末便得到所需的零件。

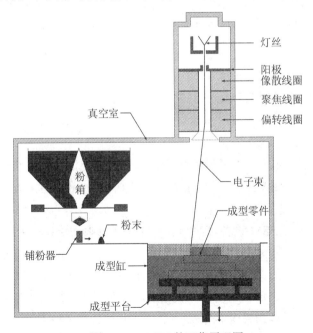

图 3-12　EBSM 的工作原理图

3.8.2 EBSM 工艺过程

和其他快速成型工艺过程一样，EBSM 工艺过程也分为前处理、分层叠加成型及后处理三个阶段。

对于 EBSM 需要注意的是：EBSM 工艺利用磁偏转线圈产生变化的磁场驱使电子束在粉末层快速移动、扫描。在熔化粉末层之前，电子束可以快速扫描、预热粉床，使温度均匀上升至较高温度(>700℃)，减小热应力集中，降低制造过程中成型件翘曲变形的风险。成型件的残余应力更低，可以省去后续的热处理工序。

3.8.3 EBSM 技术的优缺点

1. EBSM 技术的优点

相较于其他打印技术而言，EBSM 成型技术的优点包括：

(1) 成型过程不消耗保护气体。由于整个加工过程都是在真空环境下进行的，成型过程不消耗保护气体，完全隔离外界的环境干扰，这样在 EBSM 设备运行过程中避免了出现粉末被氧化的情况。

(2) 成型过程中热量能够保持。由于成型过程是处于真空状态下进行的，热量的散失只有靠辐射完成，对流不起任何作用，因而成型过程热量能得到保持。

(3) 力学性能好。由于成型过程中在真空下进行，成型件内部一般不存在气孔，成型件内部组织呈快速凝固形貌，力学性能甚至比锻压成型试件都要好，通常能更好地实现材料的均匀致密化。

(4) 效率高。如果在一次加工很多个零件时，EBSM 系统主程序会控制电子枪，将电子枪发射的电子束分成几束电子束，这些电子束同时进行扫描，迅速地熔化多个区域，同时保持两个以上的工作区域熔化，以保证工作效率。与单电子束扫描相比，在扫描每一层时，扫描时间很短，所以效率较高。

(5) 未熔化的粉末可重新利用。

2. EBSM 技术的缺点

EBSM 成型技术的缺点包括：

(1) 对设备要求高。由于需要高真空环境和高压直流电源，所以机器需配备另一个系统，增加了成本，而且需要维护(而其好处是，真空排除杂质的产生，而且提供了一个利于自由形状构建的热环境)。

(2) 成型尺寸受限。EBSM 设备目前制造零件尺寸有限，受到粉末床和真空室的限制。

(3) 表面质量不高。随着成型零件尺寸的增大，电子束的偏转角度也随之增大，偏转精度降低；电子束在固定的聚焦电流下，在偏转角不同时电子束的焦斑直径不同，从而在成型区域粉末熔池的大小和形状不同，导致精度和质量下降。EBSM 制备的样品虽然可以制备形状复杂的零件，但是如果对零件表面质量要求较高，这些零件的表面粗糙度并不能满足要求，必须进行进一步加工。

(4) 产生 X 射线。由于采用高电压，成型过程会产生较强的 X 射线，需采取适当的防护措施。

3.9　丝材电弧增材制造技术(WAAM)

丝材电弧增材制造技术(Wire Arc Additive Manufacture，WAAM)是一种利用逐层熔覆原理，采用熔化极惰性气体保护焊接(MIG)、钨极惰性气体保护焊接(TIG)以及等离子体焊接电源(PA)等焊机产生的电弧为热源，通过丝材的添加，在程序的控制下根据三维数字模型由线—面—体逐渐成型出金属零件的先进数字化制造技术。

丝材电弧增材制造技术(WAAM)的原型，可追溯到 20 世纪初由西屋电器 Baker 申请的一项采用以电弧为热源的方法逐层堆焊制造 3D 金属物体的专利，但早期该成型方法并未引起过多的关注。直至 20 世纪 90 年代，受益于计算机技术及数字化控制技术的快速发展，面对特殊金属结构制造成本及可靠性要求，该技术在大尺寸结构件成型上具有其他增材技术不可比拟的效率与成本优势，国际上越来越多的科研机构相继开始并专注于 WAAM 技术的开发工作。

3.9.1　WAAM 技术原理

丝材电弧增材制造技术(WAAM)的工作原理如图 3-13 所示，具体如下：

丝材电弧增材制造技术是将焊接方法与计算机辅助设计结合起来的一种加工技术，即用计算机提供的三维数据来控制焊接设备，然后通过分层扫描和堆焊的方法来制造致密金属实体构件，因为以电弧为载能束，热输入高，成型速度快，适用于制造大尺寸的复杂构件。

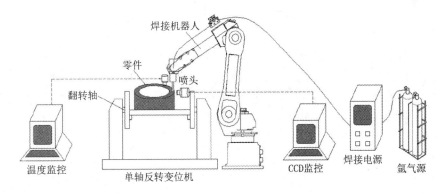

图 3-13　WAAM 工作原理图

3.9.2　WAAM 工艺过程

和其他快速成型工艺过程一样，WAAM 工艺过程也分为前处理、分层叠加成型及后处理三个阶段，可细分为创建 CAD 模型、模型近似处理、模型切片处理、近净成型、热处理、精加工及表面抛光、成品等几个过程。

3.9.3 WAAM 技术的优缺点

1. WAAM 技术的优点

相较于其他打印技术而言，WAAM 具有如下优点：

(1) 成本低。设备造价较低，使用常规焊接设备即可。原材料成本低，与以粉末为原材料的增材制造技术相比，有的节省成本可高达 50 倍。

(2) 原材料利用率高。由于采用丝材作为填充材料，利用率几乎接近 100%。

(3) 高效率。激光和电子束作为热源的金属增材制造生产效率为 2～10 g/min，而 WAAM 可达 50～130 g/min，若选择适当参数，最高可达到十几 kg/h。

(4) 对零件尺寸限制少，加工尺寸范围大。适合大尺寸结构零件的成型，理论上没有尺寸限制。

(5) 不需要模具，整体制造周期较短。能够实现数字化、智能化和并行化制造，对设计的响应较快，特别适合于小批量、多品种产品的制造。

2. WAAM 技术的缺点

WAAM 技术也存在一些局限性和劣势，具体为：

(1) 精度较低，必须进行后处理。沉积速度越快，表面粗糙度越高。

(2) 沉积过程不稳定。高沉积速率时，熔池体积较大。沉积过程不稳定，容易产生成型缺陷。

(3) 残余应力，变形大。每一层的沉积都是非均匀加热过程。

(4) 热过程复杂，组织不均匀。晶粒定向生长，合金元素偏析；层间与层内组织有差异。

(5) 力学性能方向性、沉积方向和高度方向性能有差异。

课 后 习 题

1. 分析 3D 打印主流工艺的技术原理，并对比其技术的优缺点。
2. 电子束选区熔化成型(EBSM)和激光选区熔化成型(SLM)有什么不同？
3. LMD 技术与 SLM 技术相比，最大的优点是什么？
4. 查阅资料，阐述 3D 打印几大主流工艺的应用场合有什么不同。

第四章

3D 打印设备及材料

① 掌握主要的 3D 打印设备的结构和工作原理；
② 掌握 3D 打印技术所使用的材料。

教学要点

知识要点	能力要求	相关知识
3D 打印设备	根据不同的打印技术选择不同的打印设备	3D 打印设备的分类
3D 打印材料	根据不同的打印技术选择不同的打印材料	3D 打印材料的分类
3D 打印设备的结构和技术特性	掌握主要的 3D 打印设备的结构和技术特性	SLA 3D 打印机 FDM 3D 打印机 SLS 3D 打印机 LOM 3D 打印机 3DP 3D 打印机 SLM 3D 打印机

　　经过几十年的发展，根据不同的成型原理，目前已有十多种 3D 打印技术成型方式。不同的技术所使用的 3D 打印机和成型材料也不同，常见的几种技术与材料如表 4-1 所示。本章主要介绍几种典型的 3D 打印技术设备的结构特点、技术特性和所使用的材料。

表 4-1　3D 打印成型技术及其常用材料

分类	成型技术	常用材料
非金属	光固化成型 （Stereolithography Apparatus，SLA）	成型材料为液态光敏树脂，其主要成分为稀释剂和齐聚物，少量的光引发剂和其他微量材料
	分层实体制造 (Laminated Object Manufacturing，LOM)	成型材料为涂有热熔胶的薄层材料，层与层之间的粘结是靠热熔胶保证的。LOM 材料一般由薄片材料和热熔胶两部分组成
	激光选区烧结成型 (Selective Laser Sintering，SLS)	成型材料一般使用粉末材料，按材料性质可分为以下几类：陶瓷基粉末材料、覆膜砂、高分子基粉末材料等
	熔融沉积成型 (Fused Deposition Modeling，FDM)	主要包括成型材料和支撑材料。成型材料主要为热塑性材料，包括 ABS、PLA、人造橡胶、石蜡等；支撑材料目前主要为水溶性材料
	三维打印快速成型 （Three Dimensional Printing and Gluing，3DP）	成型材料采用粉末成型，如陶瓷粉末、金属粉末，并不是由简单的粉末构成，它包括粉末材料和与之匹配的粘结溶液以及后处理材料等
金属	激光选区熔化成型 (Selective Laser Melting，SLM)	成型材料为可熔化的粉末材料，目前应用在 SLM 制造领域的金属粉末主要有混合粉末、预合金粉末和单质合金粉末三大类
	激光熔化沉积成型 （Laser Melting Deposition，LMD） 在许多场合也被称为激光净成型技术 （Laser Engineering Net Shaping，LENS）	应用于激光熔覆的成型材料大多是喷涂用粉末状材料，如金属、合金和陶瓷等
	电子束选区熔化成型 (Electron Beam Selective Melting，EBSM)	成型材料一般为多金属混合粉末合金材料，已经商业化应用的 EBSM 材料有：CoCrMo 合金、纯铜、纯铁、316L 不锈钢、H13 工具钢、金属铌、钛合金、镍基合金、TiAl 基合金
	丝材电弧增材制造技术 (Wire Arc Additive Manufacture，WAAM)	成型材料主要为不锈钢、铝合金和钛合金

4.1　3D 打印机的基本构造

3D 打印机的构造和传统打印机有一定的相似之处，之所以称为"打印机"，是因为分层加工的过程与喷墨打印十分相似，都是由控制组件、机械组件、打印头、耗材和介质等构成的。

本节以一台典型的 FDM 桌面级 3D 打印机为例，阐述 3D 打印机的总体系统构成及其组成部分。该打印机主要可以划分为三大系统，即机械系统、控制系统和软件系统。3D

打印机与上位机相连，上位机软件根据 stl 格式的三维模型生成打印机能够识别的 G 语言代码，然后通过串口通信传递给控制系统，控制系统再发送指令给机械系统，控制打印路径。三大系统的关系如图 4-1 所示。

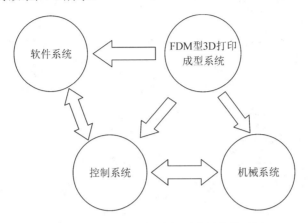

图 4-1　FDM 型 3D 打印机系统结构关系图

控制系统包括外接电路、温度控制系统、动力控制系统和工作流程控制系统等，这些控制系统起到控制和监测等作用，与机械系统和软件系统协同完成打印工作。控制器将上位机传递过来的 G 语言代码进行解码，并根据 G 语言代码中的信息来控制步进电机和挤出机构、散热装置。同时，步进电机的位置和温度信息都会反馈给上位机。软件系统负责将导入的三维模型切片分层，按照设置好的加工工艺参数生成所需的 G 语言代码。控制系统的结构关系如图 4-2 所示。

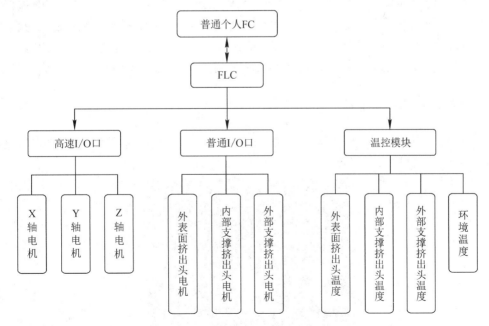

图 4-2　控制系统结构关系图

机械系统包括：主机身结构、挤出机构、送丝机构、传动机构等。主机身结构用来支撑导轨和其他零部件的安装等，导轨承载挤出机构进行打印工作。挤出机构负责加热打印丝材，它直接影响着打印成型质量。送丝机构用于将打印丝材顺利地送入挤出机构之中，是保证打印过程中提供源源不断的丝材的动力装置。传动机构用于完成 X、Y、Z 轴方向的运动，从而定位打印喷头的准确位置。机械系统结构如图 4-3 所示。

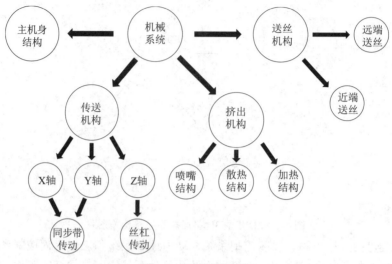

图 4-3　机械系统结构

4.2　根据打印机的大小分类

　　3D 打印机将虚拟的数字化三维模型直接转变成实体模型。通过一台计算机的辅助设计，3D 打印软件把图像分解为一系列的数字切片，并把描述这些数字切片的信息输送到 3D 打印机中，打印机便连续不断地增加薄层，直到一个坚固的物体出现为止。

　　根据 3D 打印机的大小划分，通常可以把 3D 打印机划分为桌面级和工业级。

4.2.1　桌面级 3D 打印机

　　桌面级 3D 打印机(如图 4-4 所示)因为其尺寸比较小，可以直接放置在桌面上打印物体，一般用来加工尺寸较小的产品。

图 4-4　桌面级 3D 打印机

与其他 3D 成型技术相比，采用 FDM 技术的成本较低，所以目前大部分桌面级 3D 打印机都是 FDM 3D 打印机。

主流的桌面型 3D 打印机主要有两种结构：第一种是笛卡尔型，也叫 XYZ 型或 Cartesian 型，譬如 Makerbot 系列、Reprap 系列；第二种是并联臂型，也叫 Delta 型、三角洲型，以 Kossel 为代表。

1. 笛卡尔型

笛卡尔型 3D 打印机主要特点是 X、Y、Z 三轴传动互相独立，三轴承担三个维度的位置，使得喷头能到达设计尺寸中的任意位置。笛卡尔型 3D 打印机运动结构简单，安装和维修较为容易，机器的成本较低。

以 Reprap 系列 3D 打印机 Prusa i3 为例，其机械结构如图 4-5 所示，机器的整体外形尺寸小而紧凑，X、Y 轴由皮带轮和皮带带动，完成 Y 方向平台的前后往复运动和 X 轴喷头的左右往复运动。Z 轴则是由两个丝杠带动喷头整体上下移动。X、Y、Z 三轴运动都加入了两根光杆作为导轨，减少了其在移动时产生的位移偏差。整个打印过程就是喷头根据软件生成的路径每填充完一层，Z 方向的喷头便往上升高一个层厚，然后进行下一层轮廓的打印填充。由于喷头上下运动是由两根丝杠同步完成，在实际的运动过程中，可能会因为打印机喷头快速运动时产生的振动影响其同步性，从而影响打印质量和精度。长距离的直线光杆在长时间的使用过程中会发生或多或少的弯曲，使整体的打印效果受阻。

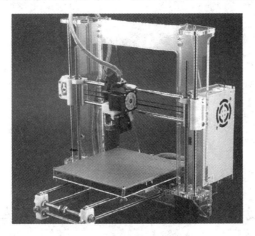

图 4-5　Prusa i3 3D 打印机

2. 并联臂型(Delta 型)

并联臂型 3D 打印机与上述笛卡尔型 3D 打印机的结构迥然不同，其工作原理为：连杆将滑块与打印机的喷头相连接，将滑块的运动转化为喷头的运动，通过连杆本身的刚度来完成对打印喷头的牵引，进而实现整个运动的控制。

以 Reprap Kossel 开源打印机为例，其机械结构如图 4-6 所示。X、Y、Z 三轴通过滑块连杆完成平台内所有位置的覆盖，每打印完一层三轴配合使喷头上升一个层厚，如此往复工作完成打印的过程。其优点很明显：打印体积更大，打印速度更快，组装简便，外形美观，而且价格低廉。其所用的材质为亚克力和铝制零件组装而成，每个亚克力部件都有编号，方便装配与拆卸。为了保持较低成本，开发团队使用了许多现成的标准零件，但是其缺点是占用的空间较大,平台的尺寸受限制,不可能无限制地放大缩小,这与连杆的长度有很大关系,稳定性也较差。

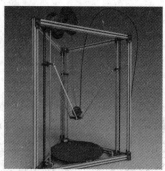

图 4-6　Reprap Kossel 3D 打印机

4.2.2　工业级 3D 打印机

工业级 3D 打印机(如图 4-7 所示)通常可加工超大尺寸的产品,常用来打印一些零部件和模具。工艺不同使用的材料也是各不相同,一般使用 SLS、3DP 等技术。如 Objet 1000、Zprinter 系列的设备主要应用于汽车、国防航空航天、工业机械、生物医疗、消费品、家电等工业领域。

图 4-7　工业级 3D 打印机

4.3　根据工作原理进行分类

目前世界各国相继研发出不同类型的 3D 打印机,这些 3D 打印机按照工作原理的不同进行相应分类,本章重点讲述以下几种 3D 打印机:SLA(光固化成型)打印机、FDM(熔融沉积成型)打印机、SLS(激光选区烧结成型)打印机、LOM(分层实体制造)打印机、3DP(三维打印快速成型)打印机和 SLM(激光选区熔化成型)打印机等。

4.3.1　SLA 3D 打印机

SLA 3D 打印机利用光固化成型(Stereo Lithography Apparatus,SLA)技术使用紫外激光或紫外灯照射薄层液态光敏树脂,成型任意复杂结构的三维实体模型。由于成型材料为液态树脂,可采用非常薄的成型层厚,所以比其他快速成型工艺的精度高,在成型精细结构方面具有一定的技术优势，广泛应用于建筑、雕塑、工艺品设计和电子产品设计等开发领域。

图 4-8 所示为武汉易制科技有限公司研发的 SLA 3D 打印机，表 4-2 为该系列 3D 打印机的技术参数。

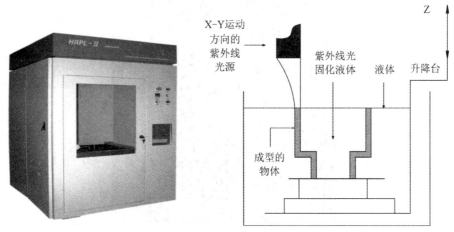

图 4-8　SLA 3D 打印机

表 4-2　SLA HRPL 系列 3D 打印机的技术参数

基 本 参 数		
型　号	HRPL-Ⅱ	HRPL-Ⅲ
成型空间 $L \times W \times H$(mm)	$350 \times 350 \times 350$	$600 \times 600 \times 500$
外形尺寸 $L \times W \times H$(mm)	$1060 \times 1180 \times 2030$	
分层厚度	0.05～0.3 mm 连续可调	
制件精度	±0.1 mm ($L \leqslant 100$ mm)或 ±0.1% ($L > 100$ mm)	
电源要求	220 V AC，10 A，50 Hz	
激光器	固态激光器 355 nm/ 500 W	
最大扫描速度	8 m/s	
扫描面光斑直径	$\leqslant$0.2 mm	
其 他 参 数		
成型材料	液态光敏树脂	
系统软件	Power Rp 终身免费升级	
软件工作平台	Windows 2000 运行环境	
可靠性	无人看管下工作	

4.3.2　FDM 3D 打印机

FDM 3D 打印机使用熔融沉积成型技术(Fused Deposition Modeling，FDM)进行打印。1992 年，Stratasys 公司推出了世界上第一台基于 FDM 技术的 3D 打印机——3D Modeler，

这也标志着 FDM 技术步入商用阶段。如今 Stratasys 公司已跃居为全球第一的 3D 打印设备制造商，图 4-9 所示为威布(Wiiboox) FDM 3D 打印机，表 4-3 为该系列 3D 打印机的技术参数。

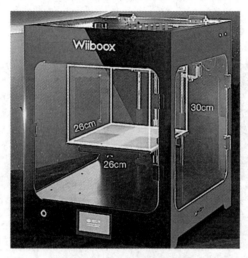

图 4-9　威布 FDM 3D 打印机

表 4-3　FDM HRPL 系列 3D 打印机的技术参数

打印原理	熔丝沉积成型(FDM)
打印精度	0.06 mm～0.5 mm
定位精度	XY 轴 0.011 mm，Z 轴 0.00125 mm
打印速度	20～180 mm/s
喷头直径	0.4 mm
喷头数量	单喷头
打印尺寸	260 mm×260 mm×300 mm
支持耗材	PLA、ABS、TPU、WOOD (1.75 mm)
平台温度	190℃～230℃
支持格式	stl、obj
切片软件	Cura、ReplicatorG、Wilboox
连接方式	USB 联机打印/SD 卡脱机打印/WIFI 连接打印
操作界面	4.3 英寸彩色触摸屏
机器尺寸	460 mm × 490 mm × 630 mm
机器净重	23 kg
识别语言	中英文
机器结构	全封闭且支持四向开启
机身材质	材质钣金
电源输入	100～240V AC, 1.0 A, 50/60 Hz

4.3.3　SLS 3D 打印机

SLS 3D 打印机使用激光选区烧结成型技术(Selective Laser Sintering，SLS)进行打印，打印材料为粉末状，除了石蜡、聚碳酸酯、尼龙、陶瓷等材料外，还能够打印金属材料。DTM 公司于 1992 年发布了基于 SLS 技术的工业级商用 3D 打印机 Sinterstation。图 4-10 所示为武汉易制科技有限公司与武汉滨湖机电技术产业有限公司共同研发的 SLS 3D 打印机。基于粉末烧结的 HRPS 系列快速成型设备，以粉末为原料，可直接制成蜡模、砂芯(型)或塑料功能零件。十几年的不断研发创新，使得该设备可使用的材料更加广泛，设备更加稳定、高效。表 4-4 为该系列 3D 打印机的技术参数。

图 4-10　SLS 3D 打印机

表 4-4　SLS HRPS 系列 3D 打印机的技术参数

基 本 参 数					
型号	HRPS-Ⅱ	HRPS-Ⅳ	HRPS-Ⅴ	HRPS-Ⅵ	HRPS-Ⅶ	HRPS-Ⅷ
成型空间 $L \times W \times H$/mm	320 × 320 × 450	500 × 500 × 400	1000 × 100 × 600	1200 × 1200 × 600	1400 × 700 × 500	1400 × 1400 × 500
外形尺寸 $L \times W \times H$/mm	1610 × 1020 × 2050	1930 × 1220 × 2050	2150 × 2170 × 3100	2350 × 2390 × 3400	2520 × 1790 × 2780	2390 × 2600 × 2960
分层厚度	0.08～0.3 mm					
制件精度	±0.2 mm(L≤200 mm)或 ±0.1% (L>200 mm)					
送粉方式	三缸式 下送粉	上下送粉	自动上料、上送粉			
电源要求	三相四线、50 Hz、 380 V、40 A		三相四线、50 Hz、380 V、60 A			
光 学 性 能					
激光器	CO$_2$、进口					
最大扫描速度	4000 mm/s	5000 mm/s	8000 mm/s		7000 mm/s	7000 mm/s
扫描方式	振镜式聚焦		振镜式动态聚集			
其 他 参 数					
成型材料	HB 系列粉末材料(聚合物、覆膜砂、陶瓷、复合材料等)					
系统软件	Power Rp 终身免费升级					
软件工作平台	Windows 2000 运行环境					
可靠性	无人看管下工作					

4.3.4　LOM 3D 打印机

LOM 3D 打印机使用分层实体制造(Laminated Object Manufacturing，LOM)快速成型技术，按照 CAD 分层模型直接从片材到三维零件，使用的材料是可粘结的带状薄层材料，采用的切割工具是激光束或刻刀。这项技术由美国 Helisys 公司的 Michael Feygin 于 1986 年研发成功，该公司推出了 LOM－1050 和 LOM－2030 两种型号的成型机。图 4-11 所示为南京紫金立德电子有限公司推出的 SD300 3D 打印机。

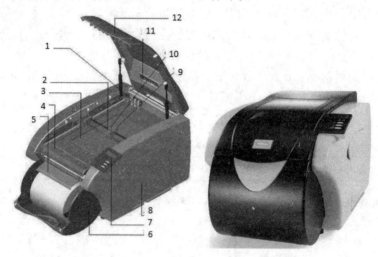

图 4-11　SD300 3D 打印机的结构原理图

1—解胶笔；2—位置指示头；3—纸板；4—熨烫器；5—进料托盘；6—PCV 舱门；

7—操作界面；8—胶粘剂舱门；9—切边刀；10—刻刀；11—上盖加热器；12—上盖板

4.3.5　3DP 3D 打印机

3DP 3D 打印机使用三维打印快速成型(Three Dimensional Printing and Gluing，3DP)技术进行打印。3DP 的工作原理类似于喷墨打印机的工作原理，是形式上最为贴合 3D 打印概念的成型技术之一。图 4-12 所示为武汉易制科技有限公司推出的 Easy3DP-M 系列 3DP 3D 打印机，表 4-5 为该系列 3D 打印机的技术参数。

图 4-12　Easy3DP-M 系列 3DP 3D 打印机

表 4-5 Easy3DP-M 系列 3D 打印机技术参数

设备型号	Easy3DP－M450	Easy3DP－M550
成型空间/mm	450 × 220 × 300	550 × 550 × 400
外形尺寸/mm	1380 × 1157 × 1510	1829 × 1253 × 1450
机体型式	落地式	
制件精度	±0.2 m	
垂直方向成型速度	约 35 mm/h	约 20 mm/h
打印层厚	0.05～0.2 m	
喷头数量	2 个/4 个压电式喷头	
系统软件	Easy3DP V.1.0	
软件工作平台	Windows 稳定操作平台	
软件支持格式	stl	
控制系统	自主研发 Easy3DP M.1.0	
电源要求	单相，220 V，15 A，50 Hz	
成型材料	铁基粉末、铝镁合金粉末，钛合金粉末等	
设备特点	快速、经济、长寿命、多材料、台面大、环保	

4.3.6 SLM 3D 打印机

SLM 3D 打印机使用激光选区熔化成型(Selective Laser Melting，SLM) 技术，利用较小功率激光直接熔化单质或合金金属粉末材料，在无需刀具和模具条件下成型出任意复杂结构和接近 100%致密度的金属零件。该技术利用粉末材料叠层成型，材料利用率超过了90%，特别适合于钛合金、镍合金等贵重和难加工金属零部件的成型制造。在航空航天、生物医疗等领域具有广泛的应用前景。

SLM 使用金属粉末代替 SLS 中的高分子聚合物作为黏合剂，直接形成多孔性低的成品，不需要像 SLS 技术中需要渗透，也就是在加工的过程中用激光使粉体完全熔化，不需要黏结剂，成型的精度和力学性能比 SLS 好。图 4-13 所示为武汉易制科技有限公司研发的 SLM 3D 打印机，表 4-6 为该 3D 打印机的技术参数。

图 4-13 SLM 3D 打印机

表 4-6　SLM HRPM-II 3D 打印机的技术参数

基 本 参 数	
型号	HRPS-II
成型空间 $L \times W \times H$/mm	$250 \times 250 \times 250$
外形尺寸 $L \times W \times H$/mm	$1050 \times 970 \times 1680$
分层厚度	0.02~ 0.2 mm
制件精度	±0.1 mm ($L \leqslant 100$ mm)或 ±0.1% ($L > 100$ mm)
电源要求	三相四线、50 Hz、380 V、 60 A
光 学 性 能	
激光器	光纤激光器 200/400W 可选
扫描方式	振镜式激光扫描
其 他 参 数	
成型材料	钛合金、镍基高温合金、钨合金、不锈钢等金属粉末材料
系统软件	Power Rp 终身免费升级
可靠性	无人看管下工作

4.4　3D 打印机的运行维护

4.4.1　3D 打印机的常见问题与解决方法

目前，随着 3D 打印机的逐步普及，越来越多的公司、企业、学校、家庭等场所都拥有了 3D 打印机。由于国内 3D 打印机的质量有待提高，所以在使用过程中不免会出现故障。

以桌面级 3D 打印机的常见故障为例，本节总结了几种 3D 打印机的常见问题与解决方法：

1. 翘边现象

打印初期，底层一角或多角出现微小翘边，随着打印进行，翘边角度可能逐渐增大，甚至完全脱离平台。出现这种问题的主要原因是材料温度的剧烈变化，且与平台及环境温度存在较大差异，导致材料收缩率和冷却速率不一，从而造成翘边。而平台温度分布不均，底层与平台结合力不一，加重了翘边现象，在打印较大零件时更为严重。

翘边的根本原因由材料固有性质决定且不可完全消除。减小翘边程度的解决方法的主要思路是降低材料的收缩量与增大底层结合力，具体措施主要有：

(1) 选取合适材料、控制温度变化差异。ABS 因打印温度高于 PLA，凝固前后温差较大，容易产生翘边，应尽量选取较小打印温度，并持续加热平台，在打印底层时关闭风扇，创造封闭打印环境等。

(2) 改变底层工艺参数来增大结合力，如适当减小切片厚度，降低初始喷头高度，加大底层线宽，降低底层打印速度等，也可在平台上预先涂敷胶黏性物质。

(3) 日常维护中保证平台水平光洁，加热均匀。

2. 材料未挤出

开始打印后若材料未被挤出，应立即停止打印。故障原因可能是喷头过低、出料延迟等。可尝试通过调整喷头高度、预加热喷嘴使出料贯通、抽出再重新进料等方式来解决。若上述手段无效，或手工推丝不畅、送丝机构伴有异响等，则应考虑机械故障原因。

3. 喷嘴堵塞

喷嘴堵塞是常见机械故障之一，表现为出丝不顺、间断出丝或不能出丝，其产生原因有杂质进入机器内部、换料未熔化造成堵塞等。若反复推丝仍不畅，应卸下喷嘴使用专门工具或细弦进行清理，然后再重新装上测试确认是否清理完毕。

4. 送丝机构发生故障

大多设备通过齿轮夹住料丝实现送丝，若发现齿轮与料丝打滑、需人工施力才能顺畅出丝、送丝机构发出异响的现象，则说明送丝机构可能发生故障。在确认喷嘴通畅后，检查料丝是否插装准确，是否出现刨料、断料，齿轮或其他部件是否异常等现象。刨料可通过提高打印温度、降低打印速度、重新插装新段材料来排查和解决，若齿轮或其他部件松动或损坏，则需采取相应修理措施或更换部件。

5. 错层现象

出现这一故障的原因主要有两种：一种是打印机的同步轮顶丝没有将同步轮紧缩在电机轴上，解决方法是用相应的扳手紧固同步轮上的顶丝；另一种是打印头在 X 轴或 Y 轴方向上运动阻力较大，导致电机失步，这一故障的解决方法要先观察错位方向，判断出是在 X 轴还是在 Y 轴上错位，然后用手在该方向上移动打印头，如果阻力很大，用蘸有酒精的棉球将光杆擦洗干净即可。

6. 打印模型尺寸误差较大

出现产品尺寸误差较大的原因通常是长期使用打印机从而导致皮带松弛，解决方法是在皮带上加装扭力弹簧。

4.4.2　3D 打印机的维护与保养

虽然 3D 打印机的故障率较小，但也不能排除不会出现问题，因此需要对 3D 打印机进行定时维护与保养。

(1) 在进行 3D 打印之前，相关的工作人员应该及时进行设备的检查。很多用户在使用打印机的过程中，不会进行打印机的仔细检查，当发现打印机的问题之后，往往打印机已经出现了不可逆转的破坏。其实，用户如果按时进行打印机的检查，就可以有效地减少这些损伤。检查的内容包括打印机的方方面面，比如打印机零件的检查、连接线路的检查、平台对准的检查，等等。对于一些细小的问题，工作人员完全可以自己解决，比如喷嘴出现污染物，用户可以用工具将污染物立即清洗干净，就不会出现喷嘴堵塞的情况了。

(2) 3D 打印机在使用的过程中，相应的参数设置不要超过打印机可以承受的范围。打印机使用之前，工作人员应该仔细阅读打印机说明书，在进行打印的过程中，运行的读数一定不要超过设定的参数。如果打印时出现设备温度过高或者打印声音异常的情况，一定要关掉电源，及时检查打印机的问题。打印机一旦"带病"工作，很可能会产生更严重的问题，严重时很可能会导致打印机重要部件的破损。

(3) 在使用完 3D 打印机之后，工作人员应该做好打印机的清洁工作。对于不同的部位，处理的方式也是不同的。喷嘴是打印机的重要位置，如果喷嘴被灰尘堵塞，很可能会影响打印的质量，因此要格外注意喷头的清洗。打印机的清洗工作应该定期进行，避免长时间积累灰尘，给日后的使用造成不便。

4.5　3D 打印材料

材料作为制造产品的物质，不但决定着产品的外在品质与内在性能，也决定着产品的加工方式。自 20 世纪 70 年代人们将信息、材料和能源誉为当代文明的三大支柱以来，材料研究得到了高度重视和迅猛发展。随后，新材料、信息技术与生物技术又被并列为新技术革命的重要标志。在机械制造业，新材料更是有力促进了传统制造业的改造和先进制造技术的涌现。

4.5.1　3D 打印材料的分类

根据 3D 打印材料的物理状态可以将其分为液体材料、薄片材料、粉末材料、丝状材料等；根据材料的化学性能不同又可将其分为树脂类材料、石蜡材料、金属材料、陶瓷材料及复合材料等。

3D 打印材料是 3D 打印技术重要的物质基础，它的性能在很大程度上决定了成型零件的综合性能。发展至今，3D 打印材料的种类已经十分丰富。本节将结合几种 3D 打印材料研究及应用的最新进展，对 3D 打印主要包括的光敏树脂、尼龙(PA)、聚碳酸酯(PC)、橡胶类材料、金属材料和陶瓷材料等几种有代表性的材料进行介绍。

4.5.2　光敏树脂

光敏树脂是最早应用于 3D 打印的材料之一，适用于光固化成型(Stereo Lithography Apparatus，SLA)，其主要成分是能发生聚合反应的小分子树脂 (预聚体、单体)，其中添加有光引发剂、阻聚剂、流平剂等助剂，能够在特定的光照(一般为紫外光)下发生聚合反应实现固化。

按照聚合体系划分，可以将 3D 打印机使用的聚合体分为自由基聚合和阳离子聚合，两者的聚合机理和依靠的活性基团各不相同。自由基聚合依靠光敏树脂中的不饱和双键进行聚合反应，而阳离子聚合依靠光敏树脂中的环氧基团进行聚合反应。自由基聚合体系固化速度快，原料成本低，但在空气中存在一定程度的氧阻聚效应，会对固化性能及零件性能产生影响。阳离子聚合体系则无氧阻聚效应，固化收缩小甚至无收缩，但对水分很敏感，且原料成本较高，所以目前 3D 打印中使用的光敏树脂以自由基聚合体系为主。

3D 打印用光敏树脂主要采用的是自由基聚合的丙烯酸酯体系。商业化的丙烯酸酯有多种类型，需要根据不同的需求对配方进行调整。总体而言，对 3D 打印用的光敏树脂有以下几点要求：

(1) 固化前性能稳定，一般要求可见光照射下不发生固化；

(2) 反应速度快，更高的反应速率可以实现高效率成型；

(3) 黏度适中，以匹配光固化成型装备的再除层要求；

(4) 固化收缩小，以减少成型时的变形及内应力；

(5) 固化后具有足够的机械强度和化学稳定性；

(6) 毒性及刺激性小，以减少对环境及人体的伤害。

光敏树脂因具有较快的固化速度，表面性能优异，成型后产品外观平滑，可呈现透明至半透明磨砂状，尤其是光敏树脂具有低气味、低刺激性成分，非常适合个人桌面 3D 打印系统。使用光敏树脂材料 3D 打印而成的产品模型如图 4-14 所示。

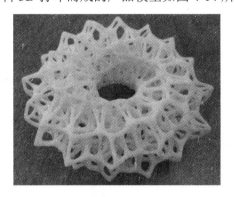

图 4-14 使用光敏树脂材料制成的产品模型

4.5.3 ABS 塑料

ABS(Acrylonitrile Butadiene Styrene)是丙烯腈、丁二烯和苯乙烯的三元共聚物，是目前产量最大、应用最广泛的聚合物，它将 PS、SAN、BS 的各种性能有机地统一起来，兼有韧、硬、刚的特性。ABS 是常见的工程塑料，具有较好的机械性能。

ABS 材料的颜色种类很多，包括象牙白、白色、黑色、深灰、红色、蓝色和玫红色等。通常 ABS 塑料是不透明的，具有优良的综合性能，有极好的冲击强度，尺寸稳定性好，电性能、耐磨性、抗化学药品性、染色性均佳，成型加工和机械加工也较好。

ABS 塑料相当容易打印，无论用什么样的挤出机，都会滑顺地挤出材料，不必担心喷头堵塞或凝固。然而这种材料具有热胀冷缩的特性，在打印过程中容易产生翘曲变形，且易产生刺激性气味，所以在精度控制上并不是很高，打印的 3D 模型也比较粗糙。使用 ABS 材料 3D 打印而成的产品模型如图 4-15 所示。

图 4-15 使用 ABS 塑料打印的产品模型

4.5.4　PLA 聚乳酸

　　PLA(Poly Lactic Acid)即聚乳酸,它具有多种半透明色和光泽质感,作为一种环境友好型塑料,PLA 是一种新型的生物降解材料,使用由可再生的植物资源(如玉米)所提取出的淀粉原料制成。PLA 是一种较为理想的 3D 打印热塑性聚合物,打印性能较好,已广泛应用于教育、医疗、建筑、模具设计等行业。此外,PLA 还具有良好的生物相容性,加入羟基磷灰石改性的 PLA 可用于组织工程支架的制造。使用 PLA 聚乳酸材料 3D 打印而成的房产沙盘模型如图 4-16 所示。

图 4-16　使用 PLA 塑料制成的 房产沙盘模型

　　PLA 和 ABS 是常见的工程塑料,在没有注明时,两种材料从表面上很难判断区分,不过耐心对比观察会发现 ABS 呈亚光而 PLA 很光亮。在加热到 195℃时,PLA 可以顺畅挤出,ABS 则不可以。而在加热到 220℃时,ABS 可以顺畅挤出,PLA 则会鼓起气泡甚至被碳化,碳化会堵住喷嘴,非常危险。

4.5.5　PC 聚碳酸酯

　　PC 材料是真正的热塑性材料,具备工程塑料的所有特性:高强度、耐高温、抗冲击、抗弯曲,可以作为最终零部件使用。使用 PC 材料制作的样件可以直接装配使用。

　　PC 材料热变形温度为 138℃,颜色为白色,其强度比 ABS 材料高出 60%左右,具备超强的工程材料属性,广泛应用于电子消费品、家电、汽车制造、航空航天、医疗器械等领域。使用 PC 材料 3D 打印而成的注射器如图 4-17 所示。

图 4-17　3D 打印制作的注射器

4.5.6　橡胶类材料

橡胶类材料具备多种级别弹性材料的特征，这些材料所具备的硬度、断裂伸长率、抗撕裂强度和拉伸强度使其非常适合于要求防滑或柔软表面的应用领域。

3D 打印的橡胶类产品主要有消费类电子产品、医疗设备以及汽车内饰、轮胎、垫片等。使用橡胶与木材混合材料 3D 打印而成的眼镜如图 4-18 所示。

图 4-18　使用橡胶与木材混合材料打印的眼镜

4.5.7　尼龙材料

聚酰胺纤维俗称尼龙(Nylon)，英文名称为 Polyamide，简称 PA。PA 是一种半晶态聚合物，经 SLS 成型后能得到高致密度且高强度的零件，是 SLS 的主要耗材之一。SLS 中所使用的 PA 需具有较高的球形度及粒径均匀性，通常采用低温粉碎法制备得到。通过加入玻璃微珠、黏土、铝粉、碳纤维等无机材料可制备出 PA 复合粉末，这些无机填料的加入能显著提高某些方面的性能，如强度、耐热性能、导电性等，以满足不同领域的应用需求。

PA 是一种白色的粉末，可以通过喷漆、浸染等方式进行色彩的选择和上色。PA 材料热变形温度为 110℃。使用 SLS 尼龙粉末材料 3D 打印而成的模型如图 4-19 所示。

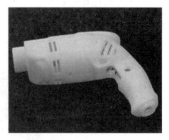

图 4-19　使用 SLS 尼龙粉末材料制成的模型

PA 的特点是：粉末熔融温度为 180℃；烧结制件不需要进行特殊的后处理，即可具有较高抗拉伸强度。尼龙粉末烧结快速成型过程中，需要较高的预热温度，对设备性能要求高。

4.5.8　金属材料

金属材料作为 3D 打印中非常重要的材料，在汽车、模具、能源、航空航天、生物医疗等行业中都有广阔的应用前景。

3D 打印金属材料主要有粉末形式和丝材形式。粉末材料是最常用的材料，可用于激光选区熔化(Selective Laser Melting，SLM)、激光熔化沉积 (Laser Melting Deposition，LMD)成型、电子束选区熔化 (Electron Beam Selective Melting，EBSM) 成型等多种 3D 打印工艺。丝材则适合于电弧增材制造(Wire Arc Additive Manufacture，WAAM)等工艺。

为了满足 3D 打印的工艺需求，金属粉末必须满足一定的要求，粉末的流动性是粉末的重要特性之一。所有使用金属粉末作为耗材的 3D 打印工艺在制造过程中均涉及粉末的流动，金属粉末的流动性直接影响到 SLM、EBSM 中的铺粉均匀性和 LMD 中的送粉稳定性，若流动性太差会造成打印精度降低甚至打印失败。粉末的流动性受粉末粒径、粒径分布、粉末形状、所吸收的水分等多方面的影响。一般为了保证粉末的流动性，要求粉末是球形或近球形，粒径在十几微米到一百微米之间，过小的粒径容易造成粉体的团聚，而过大的粒径会导致打印精度的降低。此外，为了获得更致密的零件，一般希望粉体的松装密度越高越好，采用级配粉末比采用单一粒径分布的粉末更容易获得高的松装密度。目前 3D 打印所使用的金属粉末的制备方法主要是雾化法，雾化法主要包括水雾化法和气雾化法两种。气雾化制备的粉末相比于水雾化粉末，具有纯度高、氧含量低、粉末粒度可控、生产成本低以及球形度高的特点，是高性能及特种合金粉末制备技术的主要发展方向。

3D 打印所使用的金属丝材与传统的焊丝相同，理论上凡能在工艺条件下熔化的金属都可作为 3D 打印的材料。丝材制造的工艺很成熟，材料成本相比粉材要低很多。

按照材料种类划分，3D 打印金属材料可以分为铁基合金、钛及钛基合金、镍基合金、钴铬合金、铝合金、铜合金及贵金属等。几种常用的金属材料具体如下：

(1) 铁基合金。铁基合金是 3D 打印金属材料中研究较早、较深入的一类合金。常用的铁基合金有工具钢、316L 不锈钢、M2 高速钢、H13 模具钢和 15-5PH 马氏体时效钢等。铁基合金使用成本较低、硬度高、韧性好，同时具有良好的机械加工性，特别适于模具制造。3D 打印随形水道模具是铁基合金的一大应用。传统工艺难以加工异形水道，而 3D 打印可以控制冷却流道的布置与型腔的几何形状基本一致，能提升温度场的均匀性，有效降低产品缺陷并提高模具寿命。铁基合金在随形冷却水道中的应用如图 4-20 所示。

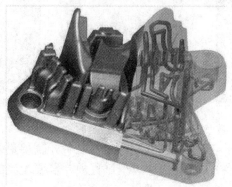

图 4-20　铁基合金在随形冷却水道中的应用

(2) 钛及钛合金。钛及钛合金以其显著的比强度高、耐热性好、耐腐蚀、生物相容性好等特点，成为医疗器械、化工设备、航空航天及运动器材等领域的理想材料。然而钛合金属于典型的难加工材料，加工时应力大、温度高，刀具磨损严重，限制了钛合金的广泛应用。而 3D 打印技术特别适合钛及钛合金的加工，一是 3D 打印时处于保护气氛环境中，钛不易与氧、氮等元素发生反应，微区局部的快速加热冷却也限制了合金元素的挥发；二是无需切削加工便能制造复杂的形状，且基于粉材或丝材材料利用率高，不会造成原材料的浪费，大大降低了制造成本。目前 3D 打印钛及钛合金的种类有纯 Ti、Ti6A14V(TC4) 和 Ti6A17Nb，可广泛应用于航空航天零件及人工植入体(如骨骼，牙齿等)。钛合金 3D 打印的 C919 飞机中央翼缘条如图 4-21 所示。

图 4-21　3D 打印的 C919 中央翼缘条

(3) 镍基合金。镍基合金是一类发展最快、应用最广的高温合金，其在 650℃～1000℃ 高温下有较高的强度和一定的抗氧化腐蚀能力，广泛用于航空航天、石油化工、船舶、能源等领域。例如，镍基高温合金可以用在制造航空发动机的涡轮叶片与涡轮盘上。常用的 3D 打印镍基合金牌号有 Inconel 625、Inconel 718 及 Inconel 939 等。

(4) 铝合金。铝合金密度低，耐腐蚀性能好，抗疲劳性能较高，且具有较高的比强度、比刚度，是一类理想的轻量化材料。3D 打印中使用的铝合金为铸造铝合金，常用牌号有 AlSi10Mg、AlSi7Mg、AlSi9Cu3 等。韩国通信卫星 Koreasat 5A 及 Koreasat-7 使用了 SLM 制造的 AlSi7Mg 轻量化部件，不仅由原来的多个零件合成一个整体制造，零件重量也比原设计的降低 22%，制造成本降低 30%，生产周期缩短 1～2 个月。通信卫星上使用的 3D 打印轻量化构件如图 4-22 所示。

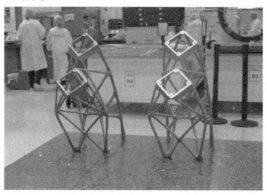

图 4-22　通信卫星上使用的 3D 打印轻量化构件

(5) 钴基合金。钴基合金也可作为高温合金使用，但因资源缺乏，发展受限。由于钴基合金具有比钛合金更良好的生物相容性，目前多作为医用材料使用，用于牙科植入体和骨科植入体的制造。目前常用的 3D 打印钴基合金牌号有 Co212、Co452、Co502 和 CoCr28Mo6 等。

其他金属材料如铜合金、镁合金、贵金属等需求量不及以上介绍的几种金属材料应用广泛，但也有其相应的应用前景。铜合金的导热性能良好，可以制造模具的镶块或火箭发动机燃烧室。镁合金是目前实际应用中最轻的金属，且具有良好的生物相容性和可降解性，其杨氏模量与人体骨骼也最为接近，可作为轻量化材料或植入物材料，但目前镁合金 3D 打印工艺尚不成熟，没有进行大范围的推广。贵金属如金、银、铂等多应用于珠宝首饰等奢侈品的定制，应用范围比较有限。

4.5.9　陶瓷材料

陶瓷材料是人类使用的最古老的材料之一，但在 3D 打印领域属于比较"年轻"的材料。这是因为陶瓷材料大多熔点很高甚至无熔点(如 SiC、Si3N4)，难以利用外部能量场进行直接成型，大多需要在成型后进行再处理(烘干、烧结等)才能获得最终的制品，这便限制了陶瓷材料 3D 打印的推广。然而其有硬度高、耐高温、物理化学性质稳定等聚合物和金属材料不具备的优点，在航天航空、电子、汽车、能源、生物医疗等行业有广泛的应用前景。作为一种无需模具的成型方式，3D 打印比传统的成型方式有更高的结构灵活性，有利于陶瓷的定制化制造或提高陶瓷零件的性能。下面分别以传统陶瓷和先进陶瓷为例介绍 3D 打印的陶瓷材料。

1. 传统陶瓷

传统陶瓷可以定义为组成硅酸盐工业的那些陶瓷制品，主要包括黏土、水泥及硅酸盐玻璃等。传统陶瓷的原料多为天然的矿物原料，分布广泛且价格低廉，适合于日用陶瓷、卫生陶瓷、耐火材料、磨料、建筑材料等的制造。传统陶瓷的成型大多需要模具，将 3D 打印工艺应用于陶瓷或玻璃制品的制造中，可以实现陶瓷制品的定制化，提高附加值，并有可能赋予其独特的艺术价值。

黏土矿物是应用最为广泛的陶瓷原料，其特性是与水混合后具有可塑性，这种可塑性是许多常用的成型工艺的基础。将黏土加入适量的水制成可塑性良好的陶泥后，便可以挤出进行 3D 打印。采用挤出 3D 打印工艺制造的陶瓷器件能够保留 3D 打印工艺特有的层纹，具有独特的美感。成型后的陶瓷坯体经过烘干、烧结、上釉之后就能得到陶瓷器件。这种工艺和耗材成本不高，适合于教育及文化创意行业。

将上述 3D 打印设备进行放大，便可采用混凝土作为耗材进行房屋建筑的 3D 打印。为保证 3D 打印建筑的顺利实施，3D 打印中所使用的混凝土材料比传统混凝土要求更高，如传输和挤出过程中要有足够的流动性，挤出之后要有足够的稳定性，硬化后要有足够的强度、刚度和耐久性等。3D 打印混凝土不仅可以应用于非线性、自由曲面等复杂形状建筑的建造，在未来空间探索中有望就地采用资源进行基地的建造。NASA 太空 3D 打印建筑物设想图如图 4-23 所示。

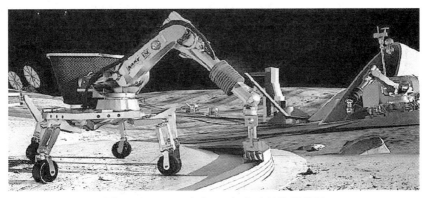

图4-23　NASA太空3D打印建筑物设想图

以高岭土、堇青石等作为原料的多孔或蜂窝陶瓷常用作催化剂载体、过滤装置，采用SLS或3DP成型出宏观复杂孔道，利用造孔剂进一步获得微观多孔结构，可以获得兼具宏观及微观孔隙结构的多孔陶瓷，SLS和3DP均以粉体作为原材料，要求陶瓷粉末的流动性良好，3DP用粉末可以采用喷雾造粒得到，SLS粉末因需加入低熔点粘结剂，可采用机械混合法或覆膜法进行制备。

覆膜砂是铸造产业中常用的造型材料，但传统的覆膜砂需要借助模具进行成型，模具的形状复杂，程度有限且生产成本高，不适合小批量铸件的生产。3D打印技术可以实现铸型(芯)的整体制造，省去了传统铸型(芯)多块拼接的过程，节约时间成本的同时，提高了铸件精度。

玻璃是一种非晶态材料，其成型方式与陶瓷材料不同，由于玻璃在成型时处于熔融态，通常以吹制、压制、拉制、辊压或铸造等方式进行成型。较为成功的玻璃3D打印工艺是FDM工艺，打印时熔融玻璃储存在高温坩埚中，通过挤出头挤出冷凝成型。该工艺可以实现透光性良好的玻璃制品，但由于目前玻璃打印的条件较为苛刻，故尚未获得普及。

2. 先进陶瓷

先进陶瓷是一类采用高纯度原料、可人为调控化学配比和组织结构的高性能陶瓷，相比传统陶瓷其在力学性能上有显著提高并具有传统陶瓷不具备的各种声、光、热、电、磁功能。先进陶瓷从用途上可分为结构陶瓷和功能陶瓷。结构陶瓷常用来制造结构零部件，要求有较高的硬度、韧性、耐磨性和耐高温性能。功能陶瓷则用来制造功能器件，如压电陶瓷、介电陶瓷、铁电陶瓷、敏感陶瓷、生物陶瓷等。从化学成分上先进陶瓷可以分为氧化物陶瓷和非氧化物陶瓷等。为了获得更高性能的陶瓷，不仅需要对其成分进行优化改良，也对制造工艺提出了更高的要求。

氧化物陶瓷物理化学性能稳定，烧结工艺比较简单，是陶瓷3D打印研究最多的材料。适用氧化物陶瓷的3D打印工艺种类很多，3DP、SLS、FDM、DIW、SLA、SLM、LENS等工艺均可用于氧化物陶瓷的成型。

碳化物和氮化物陶瓷是非氧化物陶瓷的代表，具有高温力学性能优异、热稳定性良好、硬度高等优点。目前碳化物和氮化物仍是3D打印的难点，主要原因如下：

(1) 碳化物、氮化物熔点很高甚至无熔点，难以采用高能束直接熔化成型；

(2) 碳化物、氮化物在高温环境下易与氧发生反应生成低温相，影响制件的高温性能；

(3) 3D 打印中所使用的大多为有机粘结剂，成型后有机残碳难以完全去除，影响致密化过程。

目前较有效的碳化物、氮化物 3D 打印方法主要有 SLS、DIW 和 SLA。

使用陶瓷粉末 3D 打印而成的酒杯如图 4-24 所示。

图 4-24　使用陶瓷粉末 3D 打印的酒杯

4.5.10　纸材

用于 3D 打印工艺中的箔材有纸材、塑料薄膜以及金属箔等。在目前实用化的分层实体制造 3D 打印工艺中，美国 Helisys 公司推出的 3D 打印机采用的是纸材，而以色列 Solido 公司推出的 SD300 系列设备使用的是塑料薄膜。同时，金属箔作为分层材料进行 3D 打印的工艺方法也在研究进行中。塑料薄膜材料成型建造过程中，层间的粘结是由打印设备喷洒粘结剂实现的，成型材料制备及其要求涉及三个方面的问题，即薄层材料、粘结剂和涂布工艺。目前成型材料中的薄层材料多为纸材，而粘结剂一般为热熔胶。纸材的选取、热熔胶的配置及涂布工艺均要从保证最终成型零件的质量出发，同时要考虑成本。纸材的性能要求厚度均匀、具有足够的抗拉强度，粘结剂要有较好的湿润性、涂挂性和粘结性等。下面就纸的性能、热熔胶的要求及涂布工艺进行简要的介绍。

1. 纸材的性能要求

对于粘结成型材料的纸材，有以下要求：

(1) 抗湿性，保证纸原料(卷轴纸)不会因时间较长而吸水，从而保证在热压过程中不会因水分的损失而产生变形及粘结不牢。纸的施胶度可用来表示纸张抗水能力的大小。

(2) 良好的浸润性，保证良好的涂胶性能。

(3) 抗拉强度好，保证在加工过程中不被拉断。

(4) 收缩率小，保证热压过程中不会因部分水分损失而导致变形，可用纸的伸缩率参数来计量。

(5) 剥离性能好，因剥离时破坏发生在纸张内，故要求纸在垂直方向的抗拉强度较小。

(6) 易打磨，表面光滑。

(7) 稳定性好，成型零件可长时间保存。

2. 热熔胶的性能要求

粘结成型工艺中的成型材料多为涂有热熔胶的纸材，层与层之间的粘结是靠热熔胶保证的。热熔胶的种类很多，其中 EVA 型热熔胶的需求量最大，占热熔胶消费总量的 80%

左右。当然在热熔胶中还要添加某些特殊的组分。分层实体制造工艺用纸材对热熔胶的基本要求为：

(1) 良好的热熔冷固性(约 70℃～100℃开始熔化，室温下固化)。

(2) 在反复"熔融—固化"条件下，具有较好的物理化学稳定性。

(3) 熔融状态下与纸具有较好的涂挂性和涂匀性。

(4) 与纸具有足够的粘结强度。

(5) 良好的废料分离性能。

3. 涂布工艺

涂布工艺有涂布形状和涂布厚度两个方面。涂布形状指的是采用均匀式涂布还是非均匀涂布，非均匀涂布又有多种形状。均匀式涂布采用狭缝式刮板进行涂布，非均匀涂布有条纹式和颗粒式。一般来讲，非均匀涂布可以减小应力集中，但涂布设备比较贵。涂布厚度指的是在纸材上涂的胶的厚度。选择涂布厚度的原则是在保证可靠粘结的情况下，尽可能涂得薄，以减少变形、溢胶和错移。

4.5.11　石膏粉末

3DP 工艺使用的材料多为石膏粉。使用粉末微粒作为打印介质(最常用的是石膏粉)的 3D 打印机，通过在粉末床上层层添加粘结剂的方式来成型。打印的模型较为精细，可再添加一层氰基丙烯酸酯密封胶来增加产品的耐用性并获得更鲜艳的色彩，非常适合做人像全彩打印。目前市面上很多 3D 照相馆用的就是石膏，但不防水，不能回收再利用，耐热度约为 60℃。石膏是以硫酸钙为主要成分的气硬性胶凝材料，由于石膏胶凝材料及其制品有许多优良性质，原料来源丰富，生产能耗低，因而被广泛地应用于土木建筑工程领域。

全彩砂岩是 3D 打印领域里使用较为广泛的材料之一。由全彩砂岩制作的对象色彩感较强，3D 打印出来的产品表面具有颗粒感，打印的纹路比较明显，使物品具有特殊的视觉效果，但它的质地较脆容易损坏，并且不适用于打印一些经常置于室外或极度潮湿环境中的对象。使用全彩砂岩材料 3D 打印而成的建筑模型如图 4-25 所示。

图 4-25　使用全彩砂岩制作的建筑模型

　　当一个设计师希望使用多种颜色打印他们的设计作品时，他们往往选择的是彩色砂岩。因为它可以打印多种颜色，颜色层次和分辨率都很好。砂岩打印出的模型较为完美并且栩栩如生，因此全彩砂岩被普遍应用于制作模型、人像、建筑模型等室内展示物。

课 后 习 题

1. 桌面级 3D 打印机主要有哪几种结构？各有什么特点？
2. 3D 打印机常见故障有哪些，材料有哪些？
3. PLA 和 ABS 是常见的工程塑料，两者的区别是什么？
4. PA 和 PLA、ABS 材料相比，比较明显的特征是什么？

第二篇

3D建模理论基础

第五章

3D 模型设计

学习目标

① 了解 3D 模型的来源；
② 学会从网站下载已有模型；
③ 了解逆向建模软件的特点；
④ 了解 3D 建模软件。

教学要点

知识要点	能力要求	相关知识
3D 模型的来源	了解 3D 打印的流程	3D 打印的流程
		3D 模型的来源
逆向建模	了解逆向工程的应用领域	三维扫描技术的现状
		三维扫描仪的结构和工作原理
3D 建模软件	了解 3D 建模软件及其应用领域	3D 建模软件的分类
		典型的 3D 建模软件

　　建模可以说是整个 3D 打印过程中最重要的部分。3D 模型的来源可分为从网站下载已有模型、逆向数字化扫描模型和通过三维建模软件设计模型三种方式。

5.1　从网站下载模型

　　按照 3D 打印网络资源网站建立者的不同，可将 3D 打印网络资源网站分为供应商资源库和网络社区资源库。

5.1.1　供应商资源库

3D 打印机供应商通常会建立一个网络资源库提供 3D 模型。在这些资源库中可以找到多种 3D 打印物体，如手机壳、衬衣纽扣、万圣节装饰用的南瓜灯等模型。同时该资源库允许设计者上传自己制作的 3D 模型，用户可以付费下载，例如 3Dsystems 公司的资源库 Cubify.com。创想 3D 打印机公司官网也专门设置了下载中心，客户可以下载多种多样的 3D 模型，如图 5-1 所示。

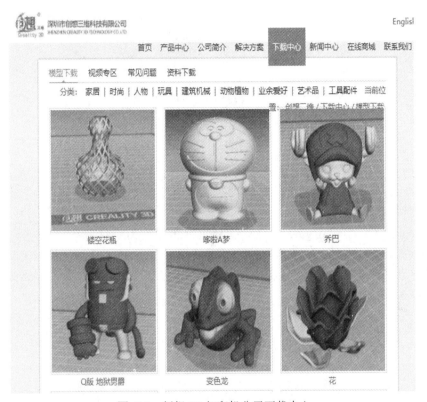

图 5-1　创想 3D 打印机公司下载中心

5.1.2　网络社区资源库

除了 3D 打印机厂家提供了专门的模型下载资源库以外，有一些 3D 打印爱好者基于教育或艺术爱好等也创立了许多网络资源库，并且这些资源库大部分都支持开源设计和共享许可。下面介绍几个国内外比较知名的 3D 打印社区。

1. Thingiverse

MakerBot 公司下属的 Thingiverse(www.thingiverse.com)是世界上最大的 3D 模型展示平台，目前有 160 多万款可打印设计的设计模型，200 多万名注册爱好者。任何用户都可以上传、分享和免费下载 3D 打印文件。除此之外，Thingiverse 还推出了 ios 版的 APP 方便追踪 3D 打印消息，其网站页面如图 5-2 所示。

图 5-2　Thingverse 3D 模型资源库

2. YouMagine

YouMagine(www.youmagine.com)是 Ultimaker 推出的 3D 打印模型共享平台，其 3D 打印模型资源库里有免费的 stl 文件，包括 Ultimaker 2 升级部件、玩具和家庭用品等。未来 YouMagine 也将开发在线编辑 3D 模型功能，使 3D 模型设计更加容易。YouMagine 3D 网站页面如图 5-3 所示。

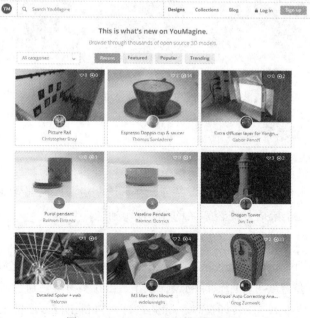

图 5-3　YouMagine 3D 模型资源库

3. GrabCAD

GrabCAD(https://grabcad.com)是一个由专业机械工程师建立的 3D 打印社区，同时也为机械工程师服务，帮助他们找到精心设计的部件，更快地创建自己的产品，而无需重新设计一些基础的部件。GrabCAD 网站页面如图 5-4 所示。2014 年 GrabCAD 被工业 3D 打印巨头 Stratasys 收购，目前 GrabCAD 在全球拥有 67 万件免费模型和 200 多万用户。

图 5-4 GrabCAD 3D 模型资源库

除以上 3 个网络社区以外，还有 Pinshape、My Mini Factory、Cults、Autodesk 123D 等，其中 Pinshape 的 3D 社区市场拥有超过 55 000 位创客和 3D 设计师，有丰富的 stl 文件资源。MyMiniFactory、Cults3D 在线 3D 打印市场同时提供收费和免费的高质量 stl 文件。Autodesk 123D 网站上拥有超过 10 000 个免费的 stl 文件，允许用户通过 3D 模型库浏览、下载或编辑它们，并上传自己的作品。

4. 3D 虎

3D 虎(www.3dhoo.com)是国内的 3D 模型资源库，拥有丰富的 3D 打印模型库，并且可以链接全球 3D 打印资源，其网站页面如图 5-5 所示。其 3D 模型库涵盖领域广泛，包括工业设计、医疗、建筑、汽车制造、珠宝、电子、文化创意、服饰、航空航天、游戏、教育等行业。

3D 虎
链接全球3D打印资源

首页   头条·   模型   3D比价   发现·   其他·   请输入搜索内容

⌂ 首页 > 模型分类

全部模型   工业设计   医疗行业   建筑行业   汽车制造业   珠宝行业   电子行业

文化创意   服饰行业   航空航天   游戏行业   教育行业   生活领域   按时间排序

螺旋拼图
作者: GeorgeHart
上传时间: 2018-10-26 17:16:06
文件格式: STL
文件大小: 9.08MB

锚钩
作者: Heskey6
上传时间: 2018-10-26 17:15:44
文件格式: STL
文件大小: 122.25KB

密码信盒
作者: Hiob
上传时间: 2018-10-15 15:39:03
文件格式: STL
文件大小: 2.13MB

汽水罐热水瓶
作者: LoboCNC
上传时间: 2018-10-11 15:25:09
文件格式: STL
文件大小: 7.22MB

蜂窝灯罩
作者: Tada3
上传时间: 2018-10-11 15:24:39
文件格式: STL
文件大小: 5.24MB

电动牙刷架
作者: Mrrudzin
上传时间: 2018-09-25 16:25:21
文件格式: STL
文件大小: 2.95MB

纸巾架
作者: pocketscience
上传时间: 2018-09-25 16:25:01
文件格式: STL
文件大小: 272.65KB

巫婆的扫帚和帽子
作者: Thelastreturn
上传时间: 2018-09-25 16:24:39
文件格式: STL
文件大小: 13.83MB

骰子盒子
作者: Quyzi
上传时间: 2018-09-25 16:24:20
文件格式: STL
文件大小: 4.02MB

图 5-5   3D 虎 3D 模型资源库

5. 魔猴网

魔猴网(www.mohou.com)隶属于北京易速普瑞科技股份有限公司,是中国成立最早、规模最大的在线 3D 打印云平台之一。该网站拥有专业 3D 模型设计师,并为用户提供丰富的 stl 文件资源,涵盖人物角色、教育艺术、建筑结构、交通玩具、数码电子等,其网站界面如图 5-6 所示。

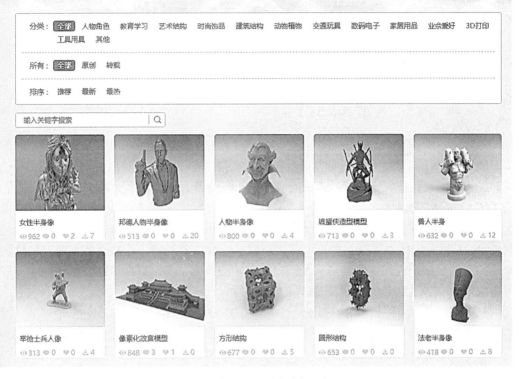

图 5-6　魔猴网 3D 模型资源库

5.2　逆向数字化扫描

　　除了由设计师正向设计开发新产品外，在新产品开发过程中另一条重要的途径是对已有的产品或事物进行逆向设计，这个设计的过程称为逆向工程(Reverse Engineering，RE，也称为反向工程)。总体来说，逆向工程是指对一个项目产品进行逆向分析及研究，从而演绎并获得该产品的处理流程、组织结构、功能性能等设计要素，以制作出功能相近但又不同的产品。与传统的正向工程(Forward Engineering，FE)从无到有进行产品设计不同，逆向工程是根据已有的产品或实物，反向推出产品设计模型的过程。该技术针对现有的产品或实物，利用 3D 数字化测量设备准确、快速地获得产品或实物的三维数据，进而改进、分析或仿制，包括功能、性能、材质、结构等方面的逆向，逆向对象可以是整机或零部件。逆向工程的应用领域很广，比如集成电路逆向设计、实物逆向设计等，本书中特指实物逆向设计。一般逆向工程的流程如图 5-7 所示。

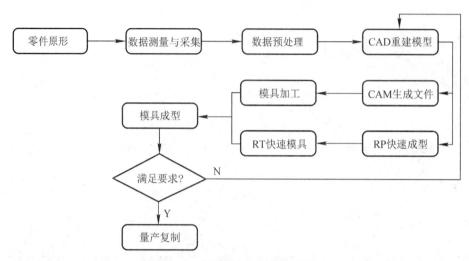

图 5-7　一般逆向工程的流程图

随着数字化测量技术的迅猛发展以及计算机技术在工业制造领域的广泛应用，基于三维(3D)测量设备获得三维数据进行逆向工程设计的应用越来越广泛。特别是在 CAD/CAM/CAE 技术和软件的辅助下，逆向工程现已发展为一种可以通过三维扫描获得实物零件的三维数据，进而通过 CAD 软件进行编辑和修改，最终获得新产品的模式。三维扫描仪、CT 断层成像等技术都可以作为获取三维数据的手段。这些设备可获得物体表面轮廓的点云数据，点云数据就是三维扫描最原始的数据。点云数据经过数据处理和分析后可生成供 CAD/CAM/CAE 读取、编辑的三维模型。

三维扫描技术可广泛应用于工业设计与制造、生物医疗和家庭娱乐等多个领域，因此近年来受到了市场和科研院校的高度关注。越来越多的三维扫描技术被提出，比如时间飞行法、立体视觉法和结构光扫描等。不同的技术有不同的特点，也适应于不同的应用领域。从工作原理出发，三维扫描仪扫描方法可按图 5-8 分类。

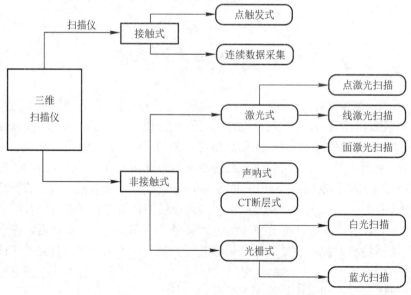

图 5-8　三维扫描仪扫描方法的分类

5.2.1 接触式三维扫描仪

为了获得物体表面的三维数据,最直接的方法就是通过接触物体表面每一点来获取其坐标值。三维坐标测量机是一种典型的接触式扫描仪,如图 5-9 所示。通过接触法可以获得高精度的三维数据,但也有局限性:① 测量时间较长;② 标定控制部分和探针系统的过程较复杂;③ 测量容易造成物体表面破损;④ 无法测量具有一定弹性的物体;⑤ 物体在测量过程中需要保持静止。因此,以上这些局限限制了接触法在实际应用中的使用。

图 5-9　三维坐标测量机

5.2.2 非接触式三维扫描仪

非接触法测量物体不需要与物体接触,因此可以针对具有弹性的物体进行三维测量。基于非接触法探测物体的原理,非接触式 3D 扫描仪又可以分为光栅式、激光式和 CT 断层式等。

1. 光栅式 3D 扫描仪

光栅式 3D 扫描仪由于可对相机拍摄到的整幅条纹图进行计算,因此扫描速度较快,但光栅式仅能对相机拍摄到的物体部分进行三维重构,无法测量被遮挡的部分。如需扫描较大物体,通常需要对物体从不同角度进行多次扫描,最终利用图像拼接融合技术实现物体完整的三维扫描。另外有一点需要注意,由于使用从物体表面反射的条纹信息进行三维重构,所以物体表面的反射率、颜色等特性会对扫描结果造成一定的影响(如镜面反射、高亮物体或半透明物体)。物体表面的反射率太高或太低都会在扫描结果中引入误差。实际操作中需在物体表面喷涂白色显影剂以保证扫描效果。

三角测距原理是光栅式采用的计算手段。将一组设计好的条纹图由投影仪投射到物体表面,由于物体高度的原因,按规律变化的条纹图将发生扭曲形变,这些形变信息包含了物体表面的高度信息。通过工业相机在另一个角度拍摄发生形变的条纹图,这样相机、投影仪和物体之间就构成了一个三角形。利用图像处理技术分析形变条纹图,提取有用信息,并利用三角关系计算每一个像素点的三维信息,实现三维测量。

2. 激光式 3D 扫描仪

激光式 3D 扫描仪大多采用时间飞行法原理，即发射激光到物体表面，并使用传感器接收从物体表面反射回来的激光，再计算激光在整个过程中飞行的时间。由于激光在空气中传播的速度是已知的，因此飞行时间的长短决定了物体表面一点距离扫描仪的远近。

下面具体介绍激光式 3D 扫描仪的工作原理与工作过程。

激光式 3D 扫描仪是指以激光为光源，使用传感器探测激光的飞行时间或因物体高度调制后发生的变化等信息，计算物体的三维信息，如图 5-10 所示。此方法充分利用了激光的单色性、方向性、相干性和亮度高等特性，测量过程中操作简便，具有快速性、不接触性和实时等优点。然而，由于激光的能量较高，因此不适合人体、脆弱物体以及易变质物体的扫描，在应用中具有一定的局限性。

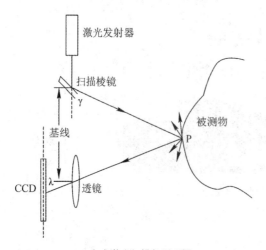

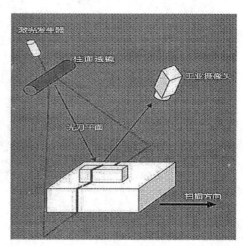

(a) 点式激光扫描仪原理图　　　　　　　　　　　(b) 线式激光扫描仪

图 5-10　激光式 3D 扫描仪工作原理示意图

激光式 3D 扫描仪又可分为点式激光扫描仪和线式激光扫描仪。点式激光扫描仪是早期出现的三维扫描方法，完成了从接触式 3D 扫描仪到非接触式扫描仪的突破。点式扫描仪根据时间飞行法测距原理或三角测量原理，逐点遍历物体表面所有点，最终构成整个物体的三维信息。点式激光扫描仪测量速度较慢，不适合实时性要求较强的应用场景。

为了改善点式扫描仪速度慢的缺点，线式扫描技术被提出。线式扫描仪使用激光器投射一条激光线来代替原来的激光点，因此扫描速度被大大提高，并且线式扫描仪通常为手持式式扫描仪，使用更加方便。然而，在重构物体过程中需要经过从线到面的拼接，整体扫描精度难以保证。

3. CT 断层式 3D 扫描仪

CT 断层式是指利用 X 射线对人体或物体某一厚度的层面进行逐层的扫描，并根据扫描结果分析得到物体的三维信息。把物体每一个断层的三维信息堆叠起来，就完成了对全部物体的三维扫描。CT 断层式扫描的主要优势是无需破坏物体即可获得物体内部的三维构造，经常应用于医学扫描、无损工业检测等领域。

5.3　三维软件建模

除了以上讲述的两种建模方式外，还可以选择一款合适好用的建模软件，进行从无到有的正向设计。

在工业领域中，3D 设计软件可以进行参数化设计、工业外观设计和直接建模，在视觉艺术领域里可以进行多边形建模、细分曲面建模和雕刻，如图 5-11 所示。

图 5-11　3D 建模软件的分类

三维建模软件种类繁多，包括影视、动画、工程展示、产品展示等领域的 3DS MAX、玛雅等，数控加工中心工业设计使用的 CATIA、UG、SolidWorks 等，建筑设计领域的 AutoCAD，入门级的 123D design、Blender、Cubify Sculpt 等。下文介绍几种常用的 3D 打印建模软件。

1. 3DS MAX

3DS MAX 是 AutoDesk 公司开发的基于 PC 系统的三维建模、渲染及动画制作软件，广泛应用于广告、影视、工业设计、建筑设计、三维动画、多媒体制作、游戏、辅助教学以及工程可视化等领域。3DS MAX 的突出特点是对计算机硬件要求不高，可堆叠的建模步骤使制作模型有非常大的弹性。3DS MAX 软件易于掌握，提供了三种建模方法：Mesh 建模，Patch 建模和 Nurbs 建模，如图 5-12 所示。

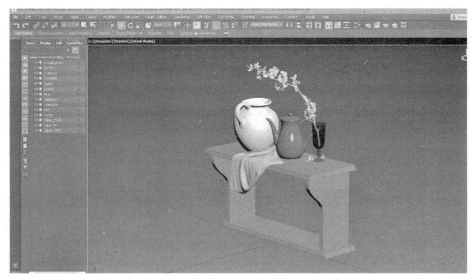

图 5-12　使用 3DS MAX 软件进行 3D 建模的操作界面

2. CATIA

　　CATIA 是法国 Dassault System 公司旗下的 CAD/CAE/CAM 一体化软件，它可以通过建模帮助制造厂商设计产品，并支持从项目前阶段、具体的设计、分析、模拟、组装到维护在内的全部工业设计流程。模块化的 CATIA 系列产品提供产品的风格和外观设计、机械设计、设备与系统工程、管理数字样机、机械加工、分析和模拟以及基于开放式可扩展的 V5 架构。该软件多应用在汽车、航空航天、船舶制造、厂房设计(主要是钢构厂房)、建筑、电力与电子、消费品和通用机械制造等领域，特别是 CATIA 软件中有针对汽车、摩托车业的专用模块，操作界面如图 5-13 所示。第六章将作详细介绍。

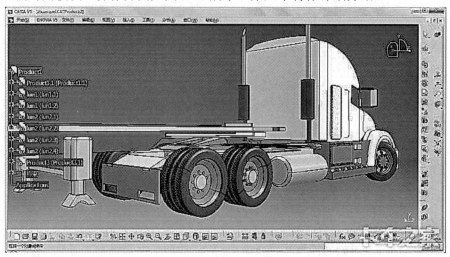

图 5-13　使用 CATIA 软件进行 3D 建模的操作界面

3. Cubify Sculpt

　　美国 3D 打印品牌商 3D Systems 推出了 Cubify Sculpt，应用虚拟黏土技术，让人们可以使用一般计算机制作出 3D 打印模型。Cubify Sculpt 软件功能更为专业，却十分的易学易懂，只要会使用计算机，就能够制作出各种 3D 设计作品。Cubify Sculpt 通过十分简易的工具"捏"出各种不同的造型，例如细致的人脸、艺术品、装饰品等 3D 对象，如图 5-14 所示。无须经过专业的 3D 绘图训练，也能够制作出具有个性的 3D 对象，并且通过 3D 打印机将对象输出成实体。该软件可以直接编辑 stl 格式文件，用于改良现有文件，进行创意制作。

图 5-14　使用 Cubify Sculpt 软件设计出的 3D 模型

课 后 习 题

1. 简述 3D 打印的基本流程。
2. 什么是逆向工程？举例说明非接触式 3D 扫描仪的工作原理。
3. 列举常用的 3D 建模软件。

第六章

CATIA 概述

 学习目标

① 了解 CATIA 软件；
② 熟悉 CATIA 的功能模块；
③ 掌握 CATIA 的工作界面和基本操作。

教学要点

知识要点	能力要求	相关知识
CATIA 软件的运行环境	了解 CATIA 软件	CATIA 软件的发展历史 CATIA 软件的运行环境
CATIA 功能模块	熟悉 CATIA 的功能模块	零件设计工作台、装配设计工作台、GSD 曲面工作台，形状模块下的 FSS 曲面工作台、DSE 工作台和 QSR 工作台
CATIA 软件的基本操作	掌握 CATIA 的工作界面和基本操作	CATIA 的工作界面 CATIA 的基本操作

　　三维设计是新一代数字化、虚拟化、智能化设计平台的基础，它是建立在平面和二维设计的基础上，让设计目标更立体化、更形象化的一种新兴设计方法。在现代产品设计开发过程中，越来越多的企业使用 CATIA、UG、SolidWorks、AutoCAD 等软件进行三维设计。本章主要介绍 CATIA 软件及其使用过程。

6.1　CATIA 简介

　　CATIA(Computer Aided Tree-dimensional Interactive Application)是由法国著名飞机制造公司 Dassault 开发并由 IBM 公司负责销售的集 CAD/CAM/CAE/PDM 于一体的工程设计

应用系统。CATIA 可以帮助用户完成大到飞机小到螺丝刀的设计及制造，它提供了完备的设计能力，从 2D 到 3D 到技术指标化建模。同时，作为一个完全集成化的软件系统，CATIA 将机械设计、工程分析及仿真和加工等功能有机地结合在一起，为用户提供严密的无纸工作环境，从而达到缩短设计生产时间、提高加工质量及降低费用的效果。CATIA 起源于航空工业，其最大的标志客户是美国波音公司，波音公司通过 CATIA 建立起了一整套无纸飞机生产系统，取得了重大的成功。

CATIA 诞生于 20 世纪 70 年代，最早用于幻影系列和阵风战斗机的设计制造中。从 1982 年到 1988 年相继推出了 CATIA V1、V2、V3、V4 版本，但只能在 IBM 的 UNIX 图形工作站上运行。为了扩大软件的用户群并使软件能够易学易用，Dassault 公司于 1994 年在 Windows NT 平台和 UNIX 平台上重新开发了全新的 CATIA V5 版本，在 Windows 平台的应用可以使设计师更加简单地同办公应用系统共享数据，在 UNIX 平台上用户可以更高效地处理复杂的工作。到 2018 年，CATIA V5 已经更新至 CATIA V5 6R 2018 版本。

CATIA 通常被称为 3D 产品生命周期管理软件套件，支持产品开发的多个阶段(CAX)，包括概念化、设计(CAD)、工程(CAE)和制造(CAM)。CATIA 围绕其 3DEXPERIENCE 平台促进跨学科的协同工程，包括表面和形状设计，电气、流体和电子系统设计，机械工程和系统工程。CATIA V5 版本包括概念布局设计、工业设计、机械设计、模塑产品设计、钣金设计、线束布局设计、管路设计、逆向工程、有限元结构分析、人机工程、电子样机工程、三轴加工设计等多个模块，覆盖了所有产品设计与制造领域，其特有的电子样机模块功能及混合建模技术更是推动着企业竞争力和生产力的提高。

作为世界领先的 CAD/CAM 软件，CATIA 在过去的四十年中一直保持着骄人的业绩，并继续保持强劲的发展趋势。CATIA 被广泛用于汽车、航空航天、轮船、军工、仪器仪表、建筑工程、电器管道、通信等各种工业领域，尤其在汽车、航空航天领域的统治地位不断增强。国际一些著名的公司如空中客车、波音等飞机制造公司，宝马、克莱斯勒等汽车制造公司都将 CATIA 作为主流的设计软件。西飞、沈飞、成飞、上飞、哈飞等国内大型飞机研究所和飞机制造厂都选用 CATIA，一汽集团、二汽集团、上海大众集团等多家汽车制造厂也都选择 CATIA 作为新车型的开发平台。

6.2 CATIA V5 的运行环境

1. 硬件环境

Intel 奔腾 II 或 III 以上的 CPU、256 MB 以上的内存、2 GB 以上的硬盘、1024×768 像素以上分辨率的显示器、16 MB 以上显卡(推荐 1280×1024、支持 OpenGL、支持 24 位真彩双缓冲区/24 位 Z 缓冲区/Stencil 缓冲区)，推荐使用 3 键鼠标并需要 CD-ROM。

2. 软件环境

Microsoft 公司的 Windows 2000/XP 或 NT，IBM 公司的 AIX，HP 公司的 HP-UX，SGI 公司的 IRIX 等操作系统。

6.3 主要功能模块

CATIA V5 包罗万象，有非常强大且全面的功能模块，能满足从设计到生产中的各个方面的需求。在 3D 建模阶段，主要使用机械设计模块下的零件设计工作台、装配设计工作台、GSD 曲面工作台，形状模块下的 FSS 曲面工作台、DSE 工作台和 QSR 工作台。下面就对这几个工作台做简单的介绍。

(1) 零件设计(Part Design，PDG)。PDG 是机械零件 3D 设计的强大设计工具。它应用"智能实体"设计思想，广泛使用混合建模、关联特征和灵活的布尔运算相结合的方法，允许设计者灵活使用多种设计手法：可以在设计过程中或设计完成后进行参数化处理；可以在可控制关联性的装配环境下进行草图设计和零件设计，在局部 3D 参数化环境下添加设计约束；不仅支持零件的多实体操作，还可以轻松管理零件的设计更改。此外，PDG 图形化的特征树可表示出模型特征的组织层次结构，以便更清晰地了解影响设计更改的因素。设计人员可以对整个特征组进行管理操作，以加快设计更改。

(2) 装配设计(Assembly Design，ASD)。ASD 可以帮助设计师用自顶向下(TOP-DOWN)或自底向上(BOTTOM-UP)的方法定义和管理多层次的大型装配结构，可真正实现装配设计和单个零件设计之间的并行工程。通过简单的移动鼠标或选取图标，设计人员就能将零件拖动或快速移动到指定的装配位置；选择各种形式的机械约束，用来调整零件的位置并建立起约束关系；选择手动或者自动的方式进行更新，可以重新排列产品的结构，并进行干涉和缝隙检查；无需复制相同零件或子集装配数据，就可以在同一个装配件或不同的装配件中重复使用。ASD 可以建立标准零件库或装配件的目录库，并能够自动生成爆炸图，ASD 的分析功能可检查是否发生干涉及是否超过了定义的间隙限制，还可以自动生成BOM(Bill of Material)表，从而得到所有零件的准确信息。柔性子装配功能可以动态地切断产品结构和机械行为之间的联系。ASD 提供的这些高效的工作方式，使得装配设计者可以大幅度减少设计时间并提高设计质量。

(3) 创成式曲面设计(Generative Shape Design，GSD)。GSD 可根据基础线架与多个曲面特征组合，设计复杂的且能满足要求的轿车车身。它提供了一套涵盖面广泛的工具集，用以建立并修改用于复杂车身或混合造型设计中的曲面。它基于特征的设计方法，提供了高效、直观的设计环境，包括智能化工具和定律功能，允许用户对设计方法和技术规范进行捕捉并使用。

(4) 自由曲面设计(Freestyle Shape Surface，FSS)。FSS 提供了大量基于曲面的实用工具，允许设计师快速生成具有特定风格的外形及曲面。交互式外形修形功能甚至可以使设计师更为方便地修改、光顺和修剪曲线或曲面。借助于多种面向汽车行业的曲线、曲面诊断工具，可以实时检查曲线、曲面的质量。由于系统提供了一个可自由匹配的几何描述，支持 NURBS 和 Bezier 数学表达，因而设计师可以直接地处理修剪后的曲面，同时保持基础外形的相关性。这就大大提高了从最初 2D 造型图的平面型线构思到最终的 3D 模型生成这一过程的效率。

(5) 数字化外形编辑器(Digitized Shape Editor，DSE)。DSE 可以方便快捷地导入多种格式的点云文件，如 Ascii free、Atos、Cgo 等十余种，还提供了数字化数据的输入、整理、组合、坏点剔除、截面生成、特征线提取、实时外形质量分析等功能，对点云进行处理，根据处理后的点云直接生成车身覆盖件的曲面。

(6) 曲面快速重建(Quick Surface Reconstruction，QSR)。QSR 为重建不论是否具有机械几何特征的曲面提供了一种快捷易用的手段。不仅可以构造不具有平面、圆柱面和倒角圆圆特征的自由曲面，还可以构造包括自由曲面在内的其他具有机械特征如凸台、加强筋、斜度和平坦区域的特征曲面。使用此模块可以直接依据点云数据重建曲面，也可以将原有实体修改后通过数字化处理成点云数据，再利用 QSR 重建需要修改的曲面。

6.4　工作界面及基本操作

6.4.1　工作界面

CATIA V5 采用了统一的工作界面，它虽然拥有许多功能模块，但每个模块的工作台界面的风格是相同的。如图 6-1 所示，工作区域位于屏幕的中央，顶部为菜单栏，左侧为设计特征树，工具栏布置在四周，可任意拖拽，底部为人机信息交互提示区。

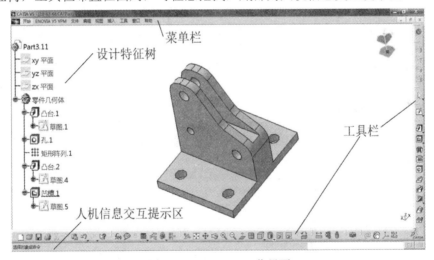

图 6-1　CATIA V5 工作界面

6.4.2　启动程序

单击"开始"按钮，从弹出的菜单中选择"CATIA V5R20"程序，或者双击 CATIA 的快捷图标 ，即可启动 CATIA。

6.4.3　开始菜单

菜单栏包含"开始""ENOVIA V5 VPM""文件""编辑""视图""插入""工具""窗口"和"帮助"等，如图 6-2 所示。

单击菜单栏中的"开始",可显示 CATIA V5 R20 版本,共有 13 个功能模块,这些功能模块几乎涵盖了现代工业领域的全部应用。本书主要介绍"机械设计"模块下的零件设计工作台、装配设计工作台、线框和曲面设计工作台和"形状"模块下的自由曲面工作台、数字化外形编辑器、曲面快速重建工作台。CATIA V5 菜单栏如图 6-2 所示。

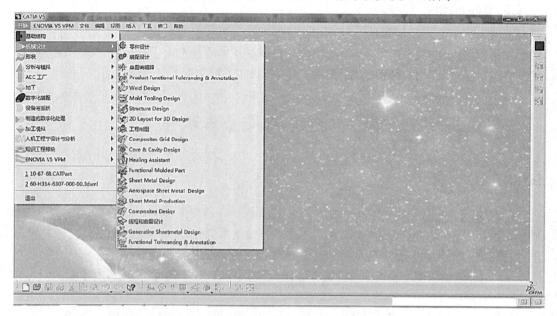

图 6-2 CATIA V5 菜单栏

单击菜单栏中的"文件",选择"新建"命令,在弹出的"新建"对话框中选择所需要的工作台,如图 6-3 所示。

图 6-3 "新建"对话框

6.4.4 用户工作台

当进入某个用户工作台后,可以根据设计要求对工作台环境进行设置。

单击菜单栏中的"工具",选择"选项"命令,弹出如图 6-4 所示的对话框,该对话框左侧是各项模块的结构树,右侧对应所选模块的项目设置。可以根据设计需求对某些项目进行重新设置,如果设置有误,可以单击对话框左下角的 ![icon] 图标,将参数值重置为默认值。

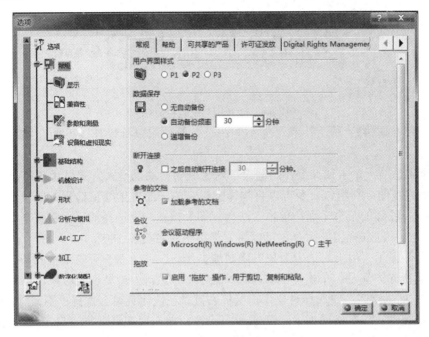

图 6-4　"选项"对话框

6.4.5　工具栏

CATIA V5 各模块的工作台中有很多通用工具栏,下面介绍经常会使用到的工具栏。

1. 标准工具栏

标准工具栏一般放在工作界面下方,其用法与 Windows 操作系统相同,有"新建文件""打开文件""保存文件""打印""剪切""复制""粘贴""撤销""返回"和"帮助"命令,如图 6-5 所示。

图 6-5　标准工具栏

如发现文件无法打开,有两种可能:一是计算机的时间晚于文件创建时间,需将计算机时钟调整一下;二是低版本的软件打不开高版本软件创建的文件,stp 格式的文件除外。

CATIA V5 不接受中文命名的文件名,建议用数字或英文字母作为文件名。保存文件时,不同的工作台下保存的文件类型有所不同,例如零件工作台文件类型为 catpart,装配设计工作台文件类型为 catproduct。

2. 视图工具栏

视图工具栏的各项命令都是为了方便观察模型对象和设计操作过程的辅助工具,不论用哪种命令操作对象,都不会改变对象的尺寸参数和几何形状。视图工具栏上的命令名称如图 6-6 所示。

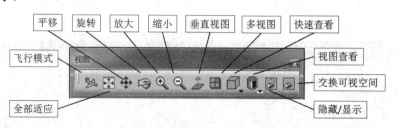

图 6-6 "视图"工具栏命令

"平移""旋转""放大"和"缩小"命令一般使用鼠标操作，下面介绍几个常用的命令：

(1) 全部适应：单击该命令，所建全部对象就会自动以最大方式显示在窗口中。

(2) 垂直视图：利用该命令可以将物体上指定的平面置于与窗口平行的位置。其操作方法是：选择物体的某个平面，单击"法向视图"按钮，则选择的平面将置于与窗口平行的位置。单击"法向视图"命令还可以将二维草图左右旋转 180°。

(3) 隐藏/显示：用于对选定对象的隐藏或显示。CATIA V5 有隐藏空间和显示空间两个空间。其操作方法是：单击"隐藏/显示"命令，选择隐藏/显示的对象，则对象就会隐藏/显示于不可见空间；或选择对象单击鼠标右键，在快捷菜单上选择"隐藏/显示"命令；或者设置快捷键，如空格键为"隐藏/显示"命令，单击"工具"→"自定义"，弹出"自定义"对话框，如图 6-7 所示，选择"命令"→"视图"→"隐藏显示"，单击"隐藏属性"按钮，出现"命令属性"栏，在"加速器"中输入"space"，快捷键即设置完成。被隐藏的对象在设计特征树上其图标显示为虚化。

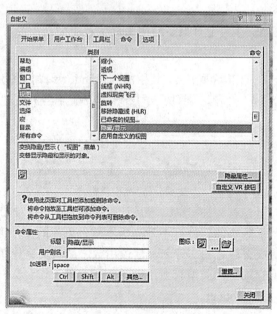

图 6-7 "自定义"对话框

(4) 交换可视空间：用于切换显示空间与隐藏空间，即可以显示在可见空间被隐藏的对象。

3. 图形属性工具栏

图形属性默认处于隐藏状态，将鼠标放于工作界面右侧工具栏上，单击鼠标右键，勾选图形属性，图形属性工具栏即出现在菜单栏之下，如图 6-8 所示。其操作方法是：在设计特征树上选择"零件几何体"，再在相应的窗口中进行设置，也可以选择物体上某个表面修改相应图形属性。

图 6-8 图形属性工具栏

6.4.6 基本操作

1. 鼠标操作

CATIA V5 常用鼠标加键盘的操作方式，执行命令时通常使用鼠标单击工作命令图标，也可以通过单击菜单栏中的命令或者用键盘输入快捷键来执行。熟练掌握鼠标各键的功能，可以大大提高设计时的工作效率。CATIA V5 中鼠标左键、右键、滚轮及与键盘组合使用的基本操作如下：

(1) 选择和编辑对象。在工作区中的物体上单击鼠标左键，所选择的物体会以橘色高亮显示，特征树中相对应的名称也会以橘色高亮显示，并且会将其特性显示在屏幕左下角的状态栏中，用户便可以对其进行编辑，如图 6-9 所示。

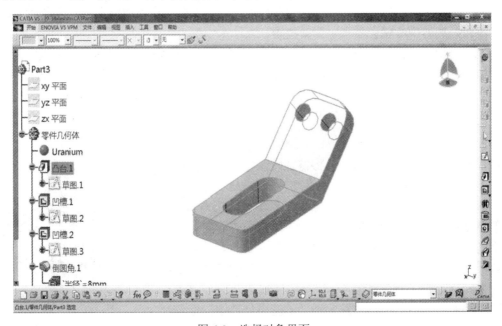

图 6-9 选择对象界面

(2) 打开快捷菜单。在物体或特征树上单击鼠标右键，会弹出如图 6-10 所示的快捷菜单。在工具栏上单击鼠标右键会弹出如图 6-11 所示的快捷菜单。在不同的工作台中单击工具栏会弹出不同的快捷菜单。

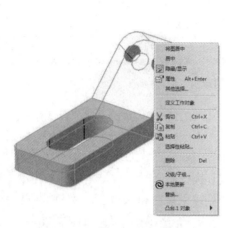

图 6-10　物体的快捷菜单　　　　　　　　　　图 6-11　工具栏的快捷菜单

(3) 移动物体。当在工作区中的任何地方按住滚轮不放并且移动鼠标时，物体便会随着鼠标的移动而移动。(注意：物体的真实位置并没有改变，只是用户的视角改变而已。)

(4) 旋转物体。在工作区的任何地方按住滚轮不放，接着再按住鼠标左键或鼠标右键不放并移动鼠标，物体便会随着鼠标的移动而旋转。如果要调整旋转中心，可在任意位置单击滚轮，旋转中心就会被指定到新位置。

(5) 物体的缩放。在工作区的任何地方按住滚轮不放，接着单击鼠标左键或右键并上下移动鼠标，或使用 Ctrl + 滚轮滚动，物体在工作区可作放大、缩小操作。鼠标向上移是放大物体，向下移是缩小物体。(注意：物体并没有真正改变大小，只是用户的视角拉近或拉远而已。)

2. 罗盘的操作

罗盘(注：图中为指南针)如图 6-12 所示位于工作区的右上角，代表目前的工作坐标系，当物体旋转时可以看到罗盘也随着物体旋转。使用罗盘可以移动或者旋转物体以获得最佳视角。

罗盘中的字母 X、Y 和 Z 表示轴，Z 轴是默认方向。Z 轴上的点是自由旋转手柄。XY 平面上的红色正方形是移动罗盘的手柄，将光标移到罗盘上的轴线、平面、圆弧或手柄上，按下鼠标左键，出现手形时拖动鼠标，界面中的物体就会沿着对应的方向移动或转动。罗盘具体使用方法如下。

图 6-12　罗盘示意图

(1) 自由旋转：在罗盘 Z 轴顶端的圆点处单击鼠标左键并移动鼠标，则指南针会以红色方块为中点自由旋转，工作区的物体和空间也会随着指南针的旋转而改变。

(2) 旋转：在罗盘任何平面上的弧线上单击鼠标左键并拖动，则罗盘可以此平面的法线轴作旋转，工作区的物体和空间也会随着罗盘的旋转而旋转。

（3）平移：在罗盘上的任何直线上单击鼠标左键并拖动，则工作区的物体和空间会沿着此直线移动，但罗盘不会移动。

（4）平面内平移：在罗盘上任何一个平面单击鼠标左键并拖动，则工作区内的物体和空间会在此平面内移动，但罗盘不会移动。

（5）物体的移动：在罗盘上的红色方块上单击鼠标左键并拖动，便可移动罗盘，把它指定到想要移动的物体上，之后即可对此物体进行平移、旋转等操作，在装配设计中此功能是非常有用的。

在罗盘上单击鼠标右键会出现如图 6-13 所示的菜单，可以对罗盘的特性做出修改，其中编辑命令可以对罗盘进行精确的移动或转动，如图 6-14 所示。

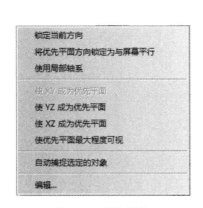

图 6-13　罗盘菜单　　　　　　　　图 6-14　"用于指南针操作的参数"对话框

3. 设计特征树的操作

设计特征树以树状层次结构显示了二维图形或三维图形物体的组织结构，用来记录用户创建物体的过程。

特征树中根节点的种类与 CATIA 的工作模块选择有关，零件设计模块的根节点是 Part，草图编辑器的根节点是 Drawing，装配设计模块的根节点是 Product。

带有 ➕ 的节点表示还有下一层节点，单击 ➕ 显示该节点下一层节点。返回上一层节点，单击 ➖，节点右侧的文字是对该节点的说明。例如图 6-1 中所示特征树的根节点是 "Part3.11"，它以下有 XY、YZ、ZX 三个坐标平面和第一个节点"零件几何体"，这个节点下层有若干个节点，说明了物体构建的过程。

设计特征树的常用操作有：

（1）显示/隐藏特征树：通过单击功能键 F3 可以隐藏/显示特征树；

（2）移动特征树：将光标指向特征树节点的连线，按住鼠标左键，即可拖动特征树到指定位置；

（3）缩放特征树：将光标指向特征树节点的连线，按住 Ctrl 键和鼠标左键，上下推拉鼠标，特征树将放大或缩小；

(4) 可以通过选择"菜单"→"视图"→"树"展开来选择展开的层级或全部折叠；

(5) 在特征树上可以双击节点来对草图或者立体图进行修改。

课 后 习 题

1. CATIA 包括哪些工作模块？简单说明各工作模块的功能。

2. 新建一个 Part 文件和一个 Product 文件。

3. 如果想移动一个实体，有哪些方法？

第七章

草图设计

① 了解 CATIA 中零件的设计流程；
② 熟悉草图编辑器工作台工作界面；
③ 掌握草图工具和草图约束。

知识要点	能力要求	相关知识
草图编辑器工作台	熟悉工作台工作界面、掌握工作台的进入和退出	草图工作台界面布置 进入和退出草图工作台
草图工具	掌握草图工具	草图工具栏 轮廓工具栏 操作工具栏
草图约束	掌握草图约束的方法和工具	尺寸约束 几何约束 创建约束

在三维设计中有"自下而上"和"自上而下"两种设计流程，下指的是零件设计，上指的是产品装配设计。每一个产品都有若干数量的零件组成。本章节从零件设计开始介绍。

三维模型是由一些特征构成的，例如长方体的特征是由一个长方形的轮廓线经过拉伸得到的。在创建复杂形体的过程中，有时将特征叠加到当前形体，有时从当前形体中减去一些特征。例如图 7-1(a)所示图形的特征是将圆轮廓线拉伸得到的特征加上六棱形轮廓线经过拉伸得到的结果。图 7-1(b)所示图形是从菱形轮廓线拉伸出得到的特征减去三个圆形轮廓线拉伸出来的特征之后得到的结果。无论是用于"加"还是用于"减"的特征都可以看作是轮廓线通过拉伸、旋转等运动创建的结果，草图设计的目的就是创建生成特征的轮廓线。草图设计需要在草图编辑器工作台中进行。本节主要介绍草图编辑器工作台中的各种草图工具的使用。

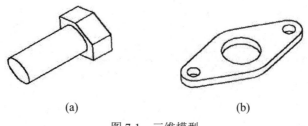

　　　　　(a)　　　　　　　　　　　　　　　　(b)

图 7-1　三维模型

7.1　基于草图的三维设计流程

　　基于草图的三维设计总体思路是先建立二维草图的平面轮廓，再利用一些特征命令，例如拉伸、凹槽、旋转等形成三维零件。设计流程如下：

　　(1) 首先选择一个草图绘制平面，进入到草图编辑器工作台；

　　(2) 绘制二维草图轮廓，施加尺寸及几何约束；

　　(3) 单击退出工作台按钮 凸，回到零件设计工作台；

　　(4) 选择合适的特征命令，生成三维立体零件。

7.2　进入草图编辑器工作台

　　草图编辑器工作台在零件设计模块中，如图 7-2 所示，进入草图编辑器工作台的方法如下：

　　(1) 单击菜单栏"开始"命令，选择"机械设计"→"草图编辑器"，在单击想要绘制草图的平面(可以是 XY、YZ、ZX 平面其中之一，或者是已有零件的任意面)之后，进入草图编辑器工作界面。在右侧的工具栏上端，显示 表示现在处在草图编辑器工作台，当进入其他工作台时，显示的图标会相应改变。

　　(2) 在零件设计界面中，利用鼠标左键双击特征树中的草图图标，也可进入草图编辑器工作界面，编辑修改当前的草图。

　　(3) 在零件设计界面中，利用鼠标右键单击结构树中的草图图标，在弹出的菜单中选择"草图对象"或"编辑"命令，也可编辑修改当前的草图。

　　(4) 在零件设计界面中，单击工作界面右侧的工具栏，选择草图工具栏中的"草图"命令 ，再单击想要绘制草图的平面之后，便进入草图编辑器工作界面。"定位草图"命令 多用于自上而下的设计方法中选择任意想要绘制草图的平面，并可以通过选择对话框中的原点和方向建立新的草图坐标系，如图 7-3 所示。

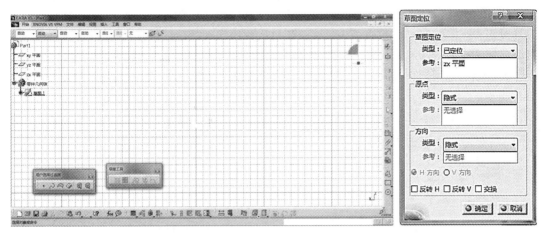

图 7-2 草图编辑器工作台 　　　　　　　图 7-3 "草图定位"对话框

7.3 草 绘 工 具

1. 草图工具栏

在草图编辑器工作台中的草图工具栏是草图绘制的辅助工具，包括"网格""点捕捉""构造元素与标准元素""几何约束"和"尺寸约束"五个命令，单击每个命令的图标，可以在激活和关闭命令之间切换，橘色表示激活状态。

(1) 网格：激活此命令时，在工作区域显示水平方向和竖直方向间距为 10 cm 的网格，网格间距可以通过菜单栏中的"工具"→"选项"→"机械设计"→"草图设计"→"网格刻度"来进行修改。在画图时网格可以作为参考，从而可快速确定图形的大致尺寸。

(2) 点捕捉：激活此命令时，无论网格是否显示，绘制草图光标会自动捕捉网格的焦点。一般情况下不激活此命令，方便选择任意位置进行草图绘制。

(3) 构造元素与标准元素：生成三维立体零件的草图轮廓线为标准元素，用实线表示。但在设计过程中有时也会构建一些构造元素辅助绘制草图轮廓线，构造元素不会对特征命令的轮廓线产生任何影响，用虚线表示，如图 7-4 所示。系统默认的是在标准元素下以实线方式绘制标准元素，当需要绘制构造元素时，单击此命令激活即可。

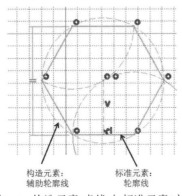

构造元素：　　　　标准元素：
辅助轮廓线　　　　轮廓线

图 7-4 构造元素(虚线)与标准元素(实线)

(4) 几何约束：激活此命令时，在绘制草图过程中，系统将对图形元素自动施加永久的几何约束来限制它们的位置或方向，并在元素旁边添加相应的约束符号，如图 7-5 所示。激活几何约束命令，可以利用已有图形元素自动地建立起与其有相切、平行、垂直、同心、相合等常见的几何约束关系，提高绘制草图的准确度。建议在绘图中将此命令激活。

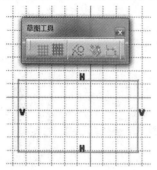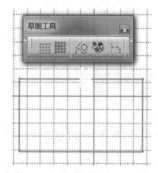

(a) 激活几何约束时画出的矩形　　(b) 未激活几何约束时画出的矩形

图 7-5　几何约束

(5) 尺寸约束：当激活此命令绘图时，可在数值框内输入相应的数值，系统将自动添加相应的尺寸以约束图形的大小和位置，如图 7-6 所示。建议在绘图中将此命令激活。

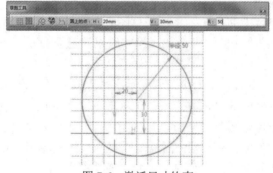

图 7-6　激活尺寸约束

2. 轮廓工具栏

轮廓工具栏用于创建二维草图的轮廓，提供了包括"绘制点""线条""圆形""矩形""椭圆""中心线"等工具，如图 7-7 所示，单击不同的绘图命令，可根据需要快速地画出草图轮廓。

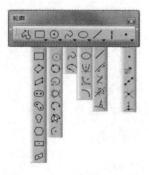

图 7-7　轮廓工具栏

3. 操作工具栏

操作工具栏提供了一组用于在已绘制的草图轮廓的基础上进行的"圆角""倒角""修剪""镜像""投影"等操作，如图 7-8 所示。

图 7-8　操作工具栏

(1) 圆角。使用"圆角"命令可以在两条直线之间、直线与圆弧、圆弧与圆弧之间创建圆角。操作方法如下：

① 单击"圆角"命令 ，在草图工具栏中会出现 6 种不同的圆角修剪模式，不同模式修剪出的圆角结果是不同的，如图 7-9 所示，可根据需要自行选择。

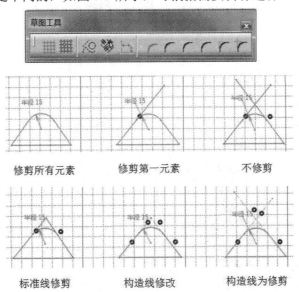

图 7-9　不同模式的倒圆角

② 选择需要倒圆角的两条线，出现圆角连接，移动鼠标，圆角的大小和圆心位置会发生变化。

③ 可在草图工具栏中输入圆角半径的具体数值，按 Enter 键即完成圆角的创建。

(2) 倒角。使用"倒角"命令可以在两条线之间创建倒角。倒角的创建过程与圆角相同，单击"倒角"命令时，在草图工具栏会出现 6 种不同的模式，如图 7-10 所示，选择不同模式修剪出的倒角结果是不同的。

图 7-10　不同模式的倒角命令

当选择两条倒角线之后，会延伸出 3 种不同的确定倒角大小的尺寸标注形式，如图 7-11 所示。

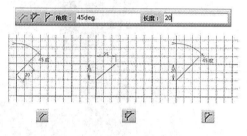

图 7-11　倒角定义的三种方式

(3) 重新限定。单击操作工具栏中"修剪"命令右下角的黑三角会弹出"重新限定"子工具栏，它提供了"修剪""断开""快速修剪""封闭"和"补充"等功能，如图 7-12 所示。

图 7-12　"重新限定"工具栏

① 修剪：此命令用于修剪相交的线段。在草图工具栏中有两种修剪模式：修剪所有元素和修剪第一元素。操作方法为：若使用修剪所有元素，则要选择 2 个保留边；若使用修剪第一元素，则先选择保留边，再选择修剪边，如图 7-13 所示。

② 断开：此命令用于将相交的两条线断开或者将一条直线分成两段。具体操作时，先选择要断开的线，再选择由哪条线断开。如果是一条直线，先选中这条直线，再在这条直线上选择断开的点，如图 7-14 所示。

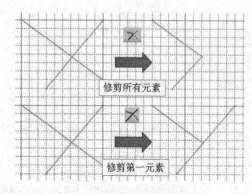

图 7-13　修剪命令的两种模式

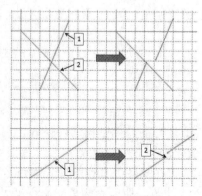

图 7-14　断开命令的操作

③ 快速修剪：单击"快速修剪"命令后，在操作工具栏显示三种模式：断开及内擦除 ⟨图标⟩、断开及外擦除 ⟨图标⟩ 和断开并保留 ⟨图标⟩。选择要使用的模式，再点击要进行操作的线条，三种不同的模式修剪结果如图 7-15 所示。若想连续使用"快速修剪"命令，双击即可(同样适用于其他命令的操作)。

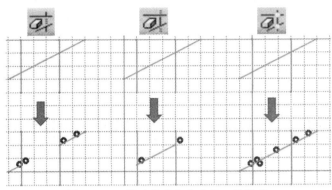

图 7-15　"快速修剪"命令的三种模式

④ 封闭：单击此命令 ⟨图标⟩，选择弧，即可以将圆弧封闭为圆，如图 7-16 所示。

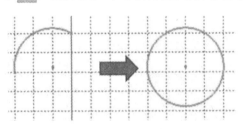

图 7-16　"封闭"命令

⑤ 互补：单击此命令 ⟨图标⟩，选择弧，即可以画出该圆弧的互补弧，如图 7-17 所示。

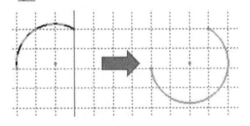

图 7-17　"互补"命令

(4) 变换：单击操作工具栏中"镜像"命令右下角的黑三角会弹出"变换"子工具栏，它提供了"镜像""对称""移动""旋转""缩放"和"偏移"等功能，如图 7-18 所示。

图 7-18　"变换"子工具栏

① 镜像和对称：这两个命令都是将原有图形以一条对称线做镜像或对称，镜像与对称的操作方法一样，区别在于镜像是复制后保留原图形，但对称不保留原图形，如图 7-19 所示。

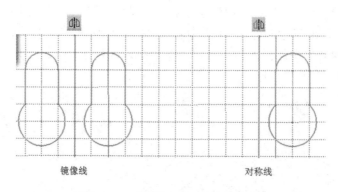

图 7-19　"镜像"和"对称"命令

② 平移、旋转和缩放：这三个命令可以使图形进行平移、旋转和缩放，其操作方法相同，即为单击这三个命令将出现如图 7-20 所示对话框，根据对话框中各选项的含义进行设置。

图 7-20　"平移定义""旋转定义""缩放定义"对话框

③ 偏移：该命令可以对已有直线、曲线或平面图形进行偏移复制。单击"偏移"命令，在草图工具栏中会出现四种模式：无拓展模式只偏移选中的元素；相切拓展模式与所选元素相切的元素一起偏移；点拓展模式与所选元素相连接的元素一起偏移；双侧偏移模式是将选中的线向两侧等距离偏移。

具体的操作方法为：先选择被偏移的元素，单击"偏移"命令，在草图工具栏上选择需要的模式，同时可以确定偏移复制的数量、偏移后的位置的横纵坐标(也可以通过单击鼠标确定)以及偏移量，最后按 Enter 键确认，如图 7-21 所示。

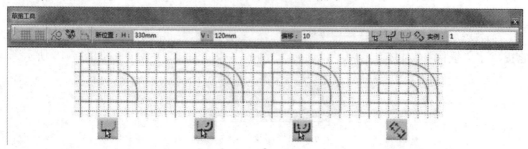

图 7-21　"偏移"命令的三种模式

(5) 3D 几何图形。单击操作工具栏中"投影 3D 元素"命令右下角的黑三角会弹出"3D 几何图形"子工具栏，它提供了投影 3D 元素、与 3D 元素相交、投影 3D 轮廓边线三个功能，如图 7-22 所示。

图 7-22 "3D 几何图形"子工具栏

这三个命令用于将立体图形表面上的点、线、面等图形元素投射到指定的草图平面上，形成新的轮廓，操作过程如下：

① 在零件设计工作台中，首先选中一个平面作为投射 3D 元素的草图平面，可以是坐标平面、已创立零件体上的平面、利用参考平面创建新的平面；

② 进入草图编辑器工作台；

③ 选择要投影的元素，单击"投影"命令，则需要投影的外形轮廓就以黄色线条显示在草图平面上。

该组命令对创建有装配关系的零件非常方便，如图 7-23 所示的花键套即为在花键轴的基础上利用投影 3D 元素创建的。

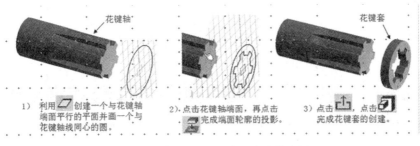

图 7-23 投影"3D 元素"命令的应用

7.4 草图约束

在草图工作台绘制的草图，在完成轮廓绘制后需要施加相应的尺寸约束和几何约束才能正确地表示图形轮廓的大小和相对位置。

7.4.1 尺寸约束和几何约束的概念

1. 尺寸约束

尺寸约束是利用尺寸大小对图形的轮廓和相对位置进行约束的，其中确定图形元素大小的叫作定形尺寸，例如圆的直径、矩形的长宽等。确定图形元素之间相对位置的叫作定位尺寸，例如圆心与原点的距离等。

定位尺寸的起点称为尺寸基准。平面图形中有水平和垂直两个方向，每个方向至少应有一个基准，也可同时有几个基准，其中一个基准为主要基准，其他基准称为辅助基准。H 轴和 V 轴是系统默认的两个基准轴，两轴交点为原点。

2. 几何约束

几何约束是利用几何关系对图形的轮廓和相对位置进行约束的，平面图形中的几何约束有相合约束、水平约束、竖直约束、平行约束、垂直约束、相切约束、同心约束等。如果对绘制的轮廓只施加尺寸约束而不施加几何约束，则移动轮廓其形状和位置都会发生变化，只有两种约束都施加后，所绘草图才能定形和定位。

对平面图形的尺寸约束既不能多也不能少，少了称之为欠约束，图形的形状和位置不固定，在工作界面草图轮廓线显示为白色；多了称之为过约束，即有约束重复，在工作界面草图轮廓显示为红色，过约束的草图不能利用特征命令生成零件。只有在尺寸约束和几何约束合适的时候，才能得到正确的图形，在工作界面轮廓线显示为绿色，可以正常使用特征命名生成零件。

7.4.2　创建约束

1. 创建尺寸约束

(1) 使用"草图工具"创建尺寸约束进入"草图编辑器"工作台后，激活"草图工具"栏尺寸约束选项 ![icon]。在创建草图的过程中，会在"草图工具"栏出现尺寸约束的数值框，输入所需数值后按 Enter 键即可，如图 7-24 所示。绘制一个矩形，可在"草图工具"栏的宽度和高度输入 80 mm 和 50 mm 进行尺寸约束。

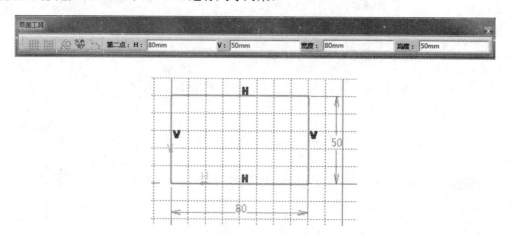

图 7-24　草图工具创建几何约束

(2) 使用约束工具栏中的命令创建尺寸约束。可以利用约束工具栏中的"约束"命令 ![icon]，对已经绘制完成的几何图形的尺寸大小进行标注与修改，具体操作如下：

单击"约束"命令，选择一个要约束的几何元素，会出现几何元素的大小尺寸，再单击鼠标，标出此尺寸，双击此尺寸出现"约束定义"对话框，可在对话框中修改尺寸的大小，如图 7-25 所示。如果选中两个几何元素，可以标出两元素之间的距离或角度等相对位置的尺寸，如图 7-26 所示。双击尺寸数字，可以在弹出的对话框中对尺寸数值进行修改。

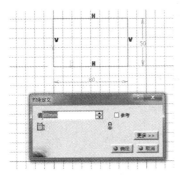

图 7-25　"约束定义"对话框

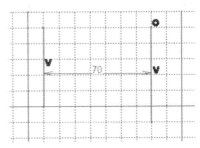

图 7-26　约束两条直线之间的距离

"约束"命令的操作技巧如下：

① 在画图过程中，后画的元素与先画的元素之间应避免产生不必要的几何约束；

② 在标注尺寸的过程中，一般先标注小尺寸，后标注大尺寸。

2. 创建几何约束

(1) 使用草图工具创建几何约束。进入草图编辑器工作台后，激活草图工具栏尺寸约束选项图标 ，在创建草图过程中，会自动生成检测到的几何约束，并在图形元素旁显示有相应的几何约束符号。几何约束与尺寸约束一般是同时处在激活状态。

(2) 对于线条可以选中后单击鼠标右键，在菜单中选择对象，可以对线条添加水平或竖直的几何约束，如图 7-27 所示。

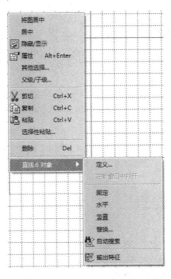

图 7-27　通过对象进行水平或竖直几何尺寸约束

(3) 使用约束工具栏中的命令创建尺寸约束。可以利用约束工具栏中的"约束定义"命令 ，对已经绘制完成的几何图形的几何尺寸和约束尺寸进行标注与修改，系统会根据用户选择的图形元素自动进行分析，以决定可以创建的约束类型，如图 7-28 所示。

用于单个元素约束的类型有长度、半径/直径、半长轴、固定、水平、垂直。

用于两个元素之间约束的类型有距离、中点、相合、同心度、相切、平行、垂直。

用于三个选定元素之间的约束类型有对称、等距点。

　　操作步骤为：先选择约束对象(当选择 2 个或 3 个约束对象时应按下 Ctrl 键进行连续选择)，再单击"约束定义"命令图标 ，然后在弹出的对话框中选择约束类型，最后单击"确定"按钮。

图 7-28　"约束定义"对话框

3. 自动约束 和编辑多重约束

　　"自动约束"命令可以检测到选定元素之间的所有尺寸约束，并施加这些约束。当使用"自动约束"命令后可以使用编辑多重约束对选中的所有尺寸约束进行快速编辑和修改。

　　(1) 选择"自动约束"命令，出现"自动约束"对话框，根据对话框中内容选择"约束元素""参考元素"及"约束模式"。

　　(2) 框选需要约束的草图。

　　(3) 点击"确定"完成自动约束。

　　(4) 点击"编辑多重约束"命令，出现"编辑多重约束"对话框，在对话框中修改尺寸的当前值。

　　(5) 点击"确定"完成"编辑多重约束"命令，操作过程如图 7-29 所示。

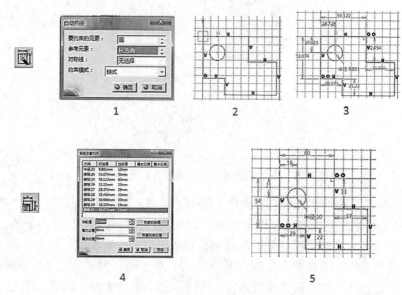

图 7-29　自动约束和编辑多重约束

课 后 习 题

1. 绘制如图 7-30 所示草图，并完成尺寸约束和几何约束。

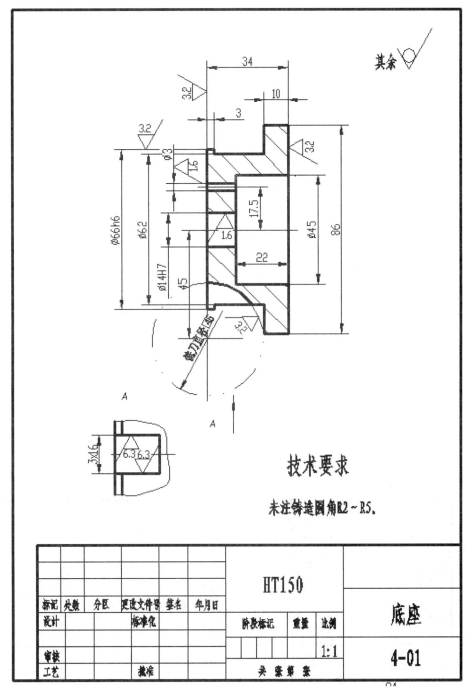

图 7-30 第 1 题图

2. 绘制如图 7-31 所示草图，并完成尺寸约束和几何约束。

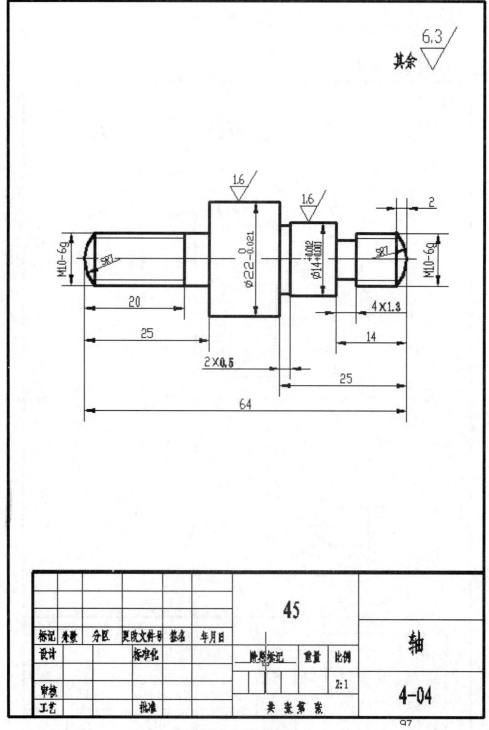

图 7-31　第 2 题图

第八章

零件设计

学习目标

① 了解零件设计的基本流程；
② 熟悉零件设计模块中的常用命令；
③ 掌握零件设计模块特征创建、特征编辑、参数化设计方法。

教学要点

知识要点	能力要求	相关知识
零件设计模块的常用命令	熟悉零件设计模块中的常用命令	基本特征创建命令 特征修饰与操作命令 特征分析与辅助工具命令
特征创建	掌握特征创建的方法和操作	参考元素的创建 基于草图的建模工具
特征编辑	掌握特征编辑的方法和操作	修饰特征 变换特征
参数化设计	掌握参数化设计的方法和操作	参数化设计的应用范围 参数化设计的操作步骤

上一章学习了如何创建草图，在完成草图创建之后需生成三维的实体。实体的特征创建方法总的来说有两种：一种是"堆沙子"似的填料构型；另一种是"削萝卜"似的除料构型。在进行零件设计过程中，首先要对零件的特点进行分析，选择合适的特征编辑命令。

CATIA 实体零件设计模块为 3D 机械零件设计提供了众多强大的工具，可以满足从简单零件到复杂零件设计的各种需求。

零件设计模块基于草图和特征设计，也可以在装配环境中作关联设计，并且可以在设计过程中或设计完成以后进行参数化处理。图形化的结构树可以清晰地表示出零件的特征组织结构，用户利用结构树可以更方便地了解设计过程，并对特征进行操作管理，提高设计修改能力。

在零件设计模块中主要由以下三类菜单组成：基本特征创建、特征修饰与操作、特征分析与辅助工具，在三类菜单中的常用命令如表 8-1 所示。

表 8-1　零件设计模块中常用的命令

基本特征创建		特征修饰与操作		特征分析与辅助工具	
1. 草绘菜单		1. 特征修饰菜单		1. 工具菜单	
	进入草绘窗口		棱边倒圆		更新操作
2. 参考元素菜单			变半径倒圆		自定义坐标系
	点		面一面倒圆		中间尺寸
	直线		三面切圆		建立基准
	平面		倒角		打开标准库目录
3. 基于草绘特征菜单			拔模		2. 测量菜单
	拉伸		根据反射线拔模		测量两个元素间距
	带拔模角及倒圆的拉伸体		变角度拔模		测量单一元素尺寸
	多轮廓拉伸体		抽壳		测量惯量
	凹坑		长厚度		
	带拔模角及倒圆的凹坑		螺纹		
	多轮廓凹坑		2. 插入新的零件体		
	回转体		插入新的零件体		
	回转槽		3. 布尔操作		
	孔		组合		
	肋		相加		
	槽		相减		
	加强筋		求交		
	放样体		联合加减		
	移走放样体		移走独立块		
			4. 特征移动		
			移动		
			旋转		
			镜像		
			对称		
			矩形图样		
			环形图样		
			用户定义图样		
			比例缩放		

8.1　特　征　创　建

零件设计模块是草图编辑器模块的延伸，通过在草图中建立的二维轮廓，利用零件设计中的特征，建立三维实体模型，并对其进行编辑修改，完成整个零件设计。

8.1.1　创建参考元素

在通过二维草图构建三维实体上的一些特征时，仅靠三个坐标面和物体的表面无法满足构建需求，因此要经常构建一些参考元素：点、线、面。确定草图的位置以及特征生成的方向，可以在参考元素工具栏中的创建参考点、线、面三个命令来实现。

1) 创建参考点

单击如图 8-1 所示的"参考元素"工具栏中的"创建点"命令图标 ▪，弹出如图 8-2 所示的"点定义"对话框。在"点类型"窗口中有七种创建点的方式：坐标定义点、曲线上的点、平面上的点、曲面上的点、圆或球面、曲线上的切线、两点之间。可根据需要，选择合适的创建点的方式。

图 8-1　"参考元素"工具栏

图 8-2　"点定义"对话框

举例：在曲线上创建点。

在"点定义"对话框中"点类型"窗口选择曲线上，选择创建点所在的曲线，设置"与参考点的距离"，完成后点击"确定"即可，如图 8-3 所示。

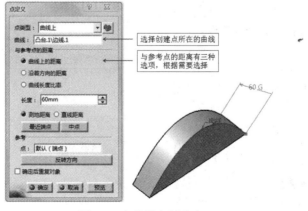

图 8-3　在曲线上创建点

2) 创建参考线

单击如图 8-1 所示的参考元素工具栏中的"创建线"命令 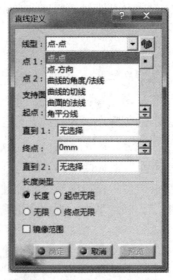，弹出如图 8-4 所示的"直线定义"对话框，在"线型"窗口中有六种创建线的方式："点—点""点—方向""曲线的角度/法线""曲线的切线""曲面的法线""角平分线"。可根据需要选择合适的创建线的方式。

图 8-4　"直线定义"对话框

举例：作曲面的法线。

在"直线定义"对话框"线型"中选择曲面的法线，如图 8-5 所示，然后顺次选择曲面、参考点。参考点可以选择已有点，也可以在曲面上或者曲面外创建点，可以通过设置法线的长度和改变法线的方向最终生成与曲面垂直的参考线。

图 8-5　作曲面的法线

3) 创建参考面

单击如图 8-1 所示的"参考元素"工具栏中的"创建面"命令图标  ，弹出如图 8-6 所示的"平面定义"对话框。在"平面类型"窗口中有 11 种创建线的方式："偏移平面""平行通过点""与平面成一定角度或垂直""通过三个点""通过两条直线""通过点和直线""通过平面曲线""曲线的法线""曲面的切线""方程式""平均通过点"。可根据需要选择合适的创建平面的方式。

图 8-6　"平面定义"对话框

举例：作与某一平面平行的平面。

可选择偏移平面的方式创建与某一平面平行的平面。具体操作如下：如图 8-7 所示，在"平面定义"对话框中选择"偏移平面"，选择已有的面或者创建新的平面作为参考平面，定义偏移距离，可以通过"反转方向"调整偏移平面与参考平面的相对位置。若要创建更多的偏移平面，勾选"确定后重复对象"，在单击"确定"后会出现"复制对象"对话框，在"实例"窗口输入要生成平面的个数，单击"确定"即可生成若干个平面。

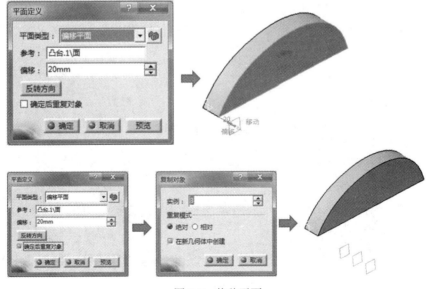

图 8-7　偏移平面

8.1.2　基于草图的建模工具

　　CATIA 中各种零件都是由各种实体特征组合而成。特征是构成物体的基本单元，基于草图的特征是根据创建的草图而生成的实体特征。"基于草图的特征"工具栏中共有 15 个命令，如图 8-8 所示。当首次进入零件设计工具台时，只有"凸台"(添料拉伸) ⬧、"旋转体" ⬧、"肋"(扫掠) ⬧、"实体混合" ⬧、"肋"(添料扫掠) ⬧、"多截面实体"(放样) ⬧、拔模 6 个命令高亮显示即处于激活状态，其余 10 个命令并未激活，应首先利用这 6 个命令生成三维实体，在此基础上使用"凹槽"(除料拉伸) ⬧、"旋转槽"(除料旋转) ⬧、"孔" ⬧、"开槽"(除料扫掠) ⬧、已移除的"多截面实体"(除料放样) ⬧、"拔模圆角凸台" ⬧、"多凸台" ⬧、"拔模圆角凹槽" ⬧、"多凹槽" ⬧ 9 个命令修改三维实体。

图 8-8　"基于草图的特征"工具栏

　　1) 凸台(添料拉伸) ⬧

　　该功能是将一个闭合的平面曲线沿着一个方向或同时沿相反的两个方向拉伸而形成的形体，它是最常用的一个命令，也是最基本的生成型体的方法。添料拉伸可生成三种凸台：凸台 ⬧、拔模圆角凸台 ⬧ 和多凸台 ⬧。

　　操作步骤如下：在草图设计模块绘制闭合的平面草图，单击右侧工具栏中"退出工具栏"命令 ⬧，切换到零件设计工作台中，单击"凸台"命令，弹出"定义凸台"对话框，通过设置相关参数、拉伸类型、拉伸方向等对拉伸特征进行定义，完成后点击"确认"按钮，如图 8-9 所示。

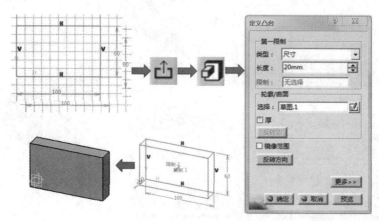

图 8-9　拉伸凸台操作过程

(1) 凸台拉伸类型共有五种：尺寸、直到下一个、直到最后、直到平面、直到曲面，五种类型的结构如图 8-10 所示，可根据实际需要选择不同的类型。

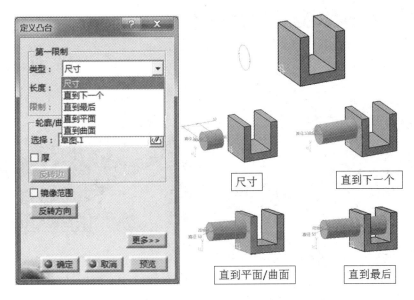

(a) 对话框　　　　　　　　　　　(b) 五种拉伸类型

图 8-10　凸台拉伸的类型

(2) 进行对称拉伸时，将图 8-10(a)对话框中的"镜像范围"勾选即可；在进行非对称拉伸时，单击"更多"，弹出如图 8-11(a)所示对话框，可以在"第二限制"下的长度尺寸输入需要拉伸的长度(长度也可以为负值)，设置完成后点击"确定"，再利用非对称拉伸生成圆柱体，如图 8-11(b)所示。

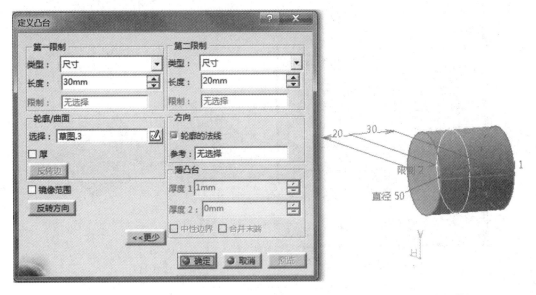

(a) 对话框　　　　　　　　　　　(b) 非对称拉伸

图 8-11　非对称凸台拉伸

(3) 凸台拉伸特征的默认方向为草图轮廓的法线方向,可通过"反转方向"命令进行调整。如果需要指定拉伸方向,可通过指定导向线或者导向面来实现,如图 8-12 所示。

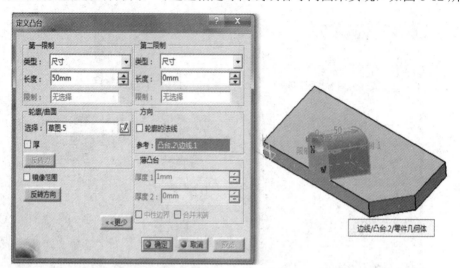

(a) 对话框　　　　　　　　　　　(b) 指定拉伸方向拉伸

图 8-12　指定拉伸方向的凸台拉伸

(4) 拔模圆角凸台命令用在设计需要经过铸造、锻造、注塑等工艺形成的零件,需要设置"拔模"中的"角度"(起模角度)、铸造"圆角",如图 8-13 所示。

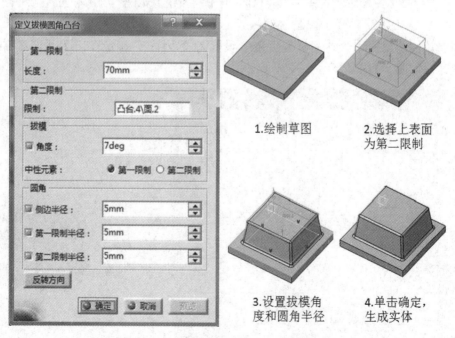

(a) 对话框　　　　　　　　　　　(b) 操作过程

图 8-13　拔模圆角凸台的操作

(5) 多凸台命令可以把一个草图中的多个独立的封闭轮廓分别拉伸不同的高度,这样可以一次性完成多个轮廓的拉伸操作,如图 8-14 所示。需要说明的是,在草图中每一个独立轮廓在对话框中都叫作拉伸域。

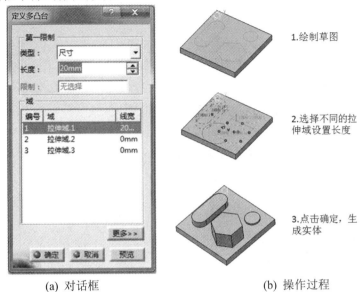

（a）对话框　　　　　　　　　（b）操作过程

图 8-14　多凸台操作

(6) 对于开放轮廓(直线、曲线或首尾不封闭的平面图形)，可选择"定义凸台"对话框中的加厚设置生成实体，如图 8-15 所示。

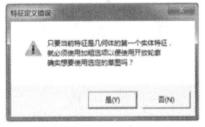

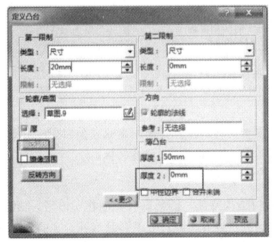

（a）对话框　　　　　　　　　（b）操作过程

图 8-15　开放轮廓生成实体的操作

2) 凹槽(除料拉伸)

"凹槽"命令和"凸台"命令都属于拉伸构型，其操作步骤完全相同，所不同的是凹槽是在已经生成的实体上进行除料拉伸。除料拉伸的尺寸叫作深度尺寸，具体操作详见凸台。

3) 旋转体

该特征命令是将一条闭合的平面曲线绕一条轴线旋转一定角度而形成实体。平面曲线和轴线是在草图设计模块绘制的。如果非闭合曲线的首、尾两点在轴线或轴线的延长线上，也能生成旋转实体。注意：曲线不能自相交或与轴线相交。

具体操作如下：首先绘制草图并退出草图工作台，点击"旋转体"命令，出现"定义旋转体"对话框，设置旋转体角度并选择旋转轴线，单击"确认"即可生成旋转体，如图8-16 所示。

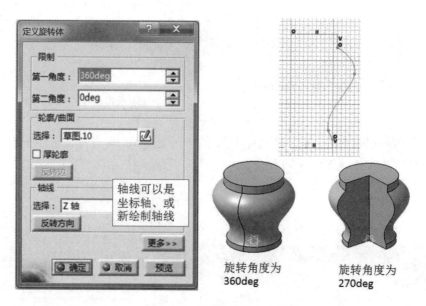

图 8-16　　"旋转体"命令操作

4) 旋转槽(除料旋转)

"旋转槽"命令和"旋转体"命令都属于旋转构型，其操作步骤完全相同，所不同的是旋转槽是在已经生成的实体上进行除料旋转。具体操作详见旋转体。

5) 孔

"孔"命令是通过去除材料的方式获得结构特征，因此只有在创建实体后，"孔"命令才能够被激活。此命令可以在实体上打盲孔、通孔、螺纹孔及各种沉孔。孔的创建分成两步：一个是孔特征参数的设置，另一个是孔在实体上的定位。"孔"命令操作如下：

选择要打孔的实体表面，然后单击"孔"命令图标，弹出如图 8-17 所示的"定义孔"对话框。此对话框有三个选项卡："扩展""类型"和"定义螺纹"。如图 8-17(a)所示，在"扩展"选项卡中主要进行对孔延伸方式、几何尺寸、方向、定位草图和底部类型的设置；如图 8-17(b)所示，在"类型"选项卡中主要进行对孔类型的设置；如图 8-17(c)所示，在"定义螺纹"选项卡中主要进行对螺纹的类型和几何特征进行设置。

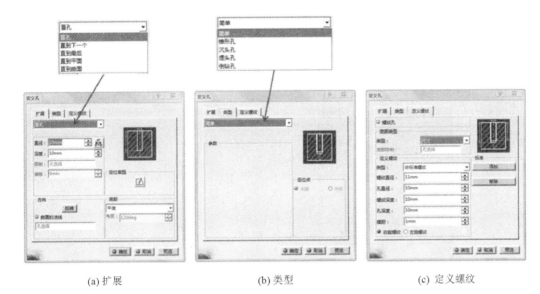

(a) 扩展　　　　　　　(b) 类型　　　　　　　(c) 定义螺纹

图 8-17　"定义孔"对话框

举例：在实体上创建 M10 的螺纹孔。

选择实体上表面，单击"孔"命令，出现"定义孔"对话框，点击对话框中的"定位草图" ，进入草图对孔中心进行几何约束，如图 8-18 所示，完成后点击"退出"草图命令 。在对话框中选择"定义螺纹"选项卡，勾选"螺纹孔"，设置螺纹参数，完成之后单击"确定"，可看到在选中的平面上出现打好的螺纹孔，如图 8-19 所示。

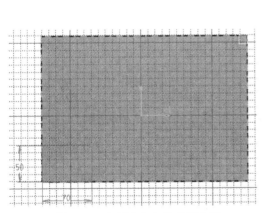

图 8-18　定义孔中心的几何位置

图 8-19　设置螺纹孔参数

6) 肋(添料扫掠)

"肋"命令是将指定的一条平面轮廓线，沿指定的中心曲线扫描而生成实体。轮廓线是闭合的平面曲线，中心曲线是轮廓线扫描的路径，要注意轮廓草图和中心曲线不能在同一个平面上绘制。

肋的具体操作如下：首先画出肋的截面草图，退出草图后，选择与截面草图垂直的平面画出所需的中心曲线，再次退出草图，点击"肋"命令，弹出"定义肋"对话框，选择对应的轮廓和中心曲线，也可根据需求勾选"厚轮廓"并设置厚度，点击"确定"，生成实体，如图 8-20 所示。

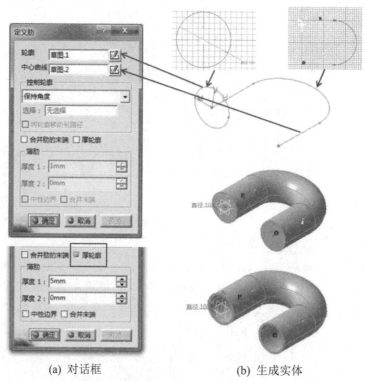

(a) 对话框　　　　　　　　　　(b) 生成实体

图 8-20　"肋"命令的操作

7) 开槽(除料扫掠)

"开槽"命令和"肋"命令都属于扫掠构型，其操作步骤完全相同，所不同的是开槽是在已经生成的实体上进行除料扫掠。具体操作详见"肋"命令。

8) 多截面实体(放样)

多截面实体的构型原理是在两个或多个截面间沿着脊线或引导线扫掠成型的，如图8-21 所示。如果没有脊线或引导线，系统会使用一条默认的脊线。在截面曲线上指定闭合点，用于控制多截面实体的扭曲状态。

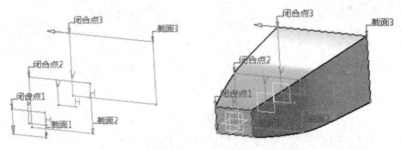

图 8-21　多截面实体

　　多截面实体的操作流程：首先要在不同的参考平面上绘制闭合的截面轮廓，单击"多截面实体"命令，弹出"多截面实体定义"对话框，分别选择多截面并修改闭合点位置和方向，选择不同的放样形式，点击"确认"即可。

　　在"多截面实体定义"的对话框中有四种放样形式的选项卡："引导线""脊线""耦合"和"重新限定"。"耦合"放样适合用在没有设置引导线和脊线的情况下，其中"截面耦合"有比率、相切、相切然后曲率、顶点四种形式，这四种形式的放样效果不同，如图 8-22 所示。"引导线"放样除了要绘制截面轮廓外还要绘制一条或多条引线，这时截面将沿着引导线生成实体，如图 8-23 所示。"脊线"放样要绘制截面轮廓外还要绘制一条脊线，这时截面将沿着脊线生成实体，如图 8-24 所示。"重新限定"是用来改变放样时扫掠的范围，默认的范围是从第一个截面到最后一个截面，也可以用引导线或脊线的两个端点限制范围。

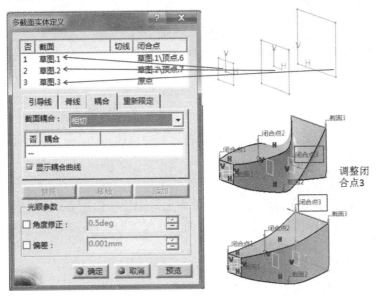

图 8-22　耦合多截面实体

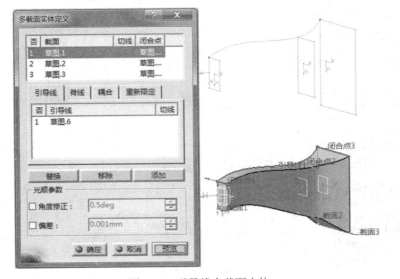

图 8-23　引导线多截面实体

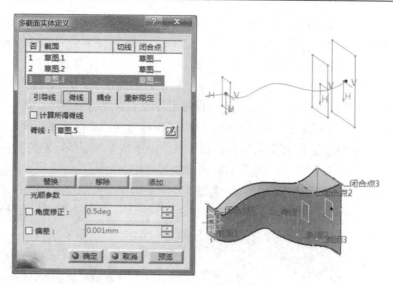

图 8-24　脊线多截面实体

9) 已移除的多截面实体(除料放样)

"已移除的多截面实体"命令和"多截面实体"命令都属于放样构型，其操作步骤完全相同，所不同的是已移除的多截面实体是在已经生成的实体上进行除料放样。具体操作详见"多截面实体"。

10) 实体混合

实体混合通常是指在互相垂直的两个平面上分别绘制出所要创建实体的两个方向的特征轮廓，然后将两个草图分别沿着草图平面的法线方向拉伸，得到它们相交部分形成的实体特征。

举例：利用混合实体做出如图 8-25 所示实体。

这个三维实体的特点是由一个圆柱和一个凸形轮廓混合而成，可以利用"混合实体"命令来创建实体：选择两个垂直的面分别绘出原形和凸形轮廓，点击"混合实体"命令，在弹出的"定义混合"对话框中选择"第一部件"和"第二部件"的轮廓，点击"确定"，完成实体的创建，如图 8-26 所示。

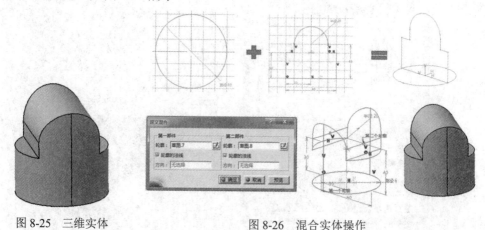

图 8-25　三维实体　　　　　　　　　　　图 8-26　混合实体操作

11) 肋(添料扫掠)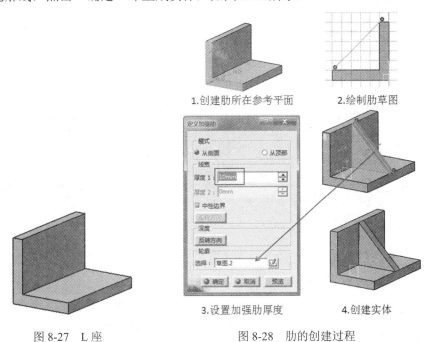

肋是叉架类、箱体类零件上的常见结构，可以利用"肋"命令在已有实体的基础上创建肋，注意"肋"命令只能使用开放轮廓，且轮廓的两端必须与已创建的实体相交，否则无法生成加强肋。"肋"命令的操作流程为：在需要绘制加强肋的地方创建参考平面，并在平面上绘制草图轮廓，退出草图后单击"肋"命令，弹出"定义加强肋"对话框，根据需要在对话框中进行设置，单击"确定"完成肋的创建。

举例：在如图 8-27 所示的 L 座上添加一个厚度为 10 mm 的肋。

肋需要创建在 L 座的中间，首先利用偏移平面的命令创建一个距 L 座侧面 50 mm 的参考平面。接下来在此参考平面上画出肋的轮廓，注意肋的两端要与 L 座相接触。退出草图后点击"肋"命令弹出"定义加强肋"对话框，"厚度 1"输入 10 mm，"轮廓"选择绘制好的轮廓线，点击"确定"即生成实体，如图 8-28 所示。

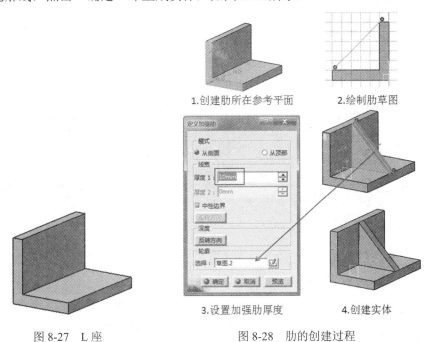

1.创建肋所在参考平面   2.绘制肋草图

3.设置加强肋厚度   4.创建实体

图 8-27 L 座   图 8-28 肋的创建过程

8.1.3 参数化设计工具

在进行机械设计的过程中，常用到一些拥有相同几何拓扑结构的常用件和标准件。为了设计方便，在 CATIA 中可以利用知识工程工具栏的公式命令 $f_{(x)}$，进行变量参数设计以及由变量参数构成的公式对零件几何元素尺寸约束的直接驱动功能。只要改变零件结构的几何参数，即可生成同型号的新规格常用件和标准件。

1) 创建参数

在利用公式和规则命令前，必须先改变 CATIA 软件的默认环境设置，否则在特征树上无法显示参数变量和公式。点击工具栏中的工具→"选项"，在"选项"对话框中如图 8-29、图 8-30 所示修改设置。

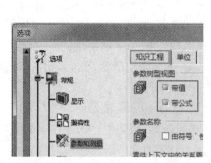

图 8-29　带值和带公式设置

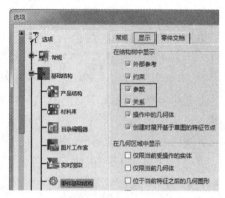

图 8-30　参数和关系设置

2) 进行参数化设计的步骤

(1) 单击知识工程工具栏中的"公式"命令 $f_{(x)}$，显示公式对话框，如图 8-31 所示，选择"新类型参数"列表中的"长度"和"单值"，单击"新类型参数"，在编辑当前参数的名称或值的位置输入变量参数(a)和变量参数的数值(30 mm)，单击"确定"完成参数变量 a 的设置，在特征树上显示参数，如图 8-32 所示。

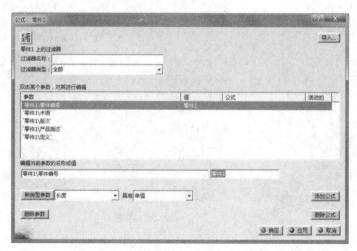

图 8-31　公式对话框

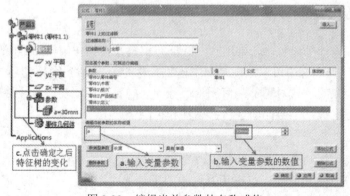

图 8-32　编辑当前参数的名称或值

(2) 利用相同的方法再创建两个变量参数 b 和 c，或者可以在特征树上选择变量参数 a，单击鼠标右键，在对话框中选择"复制"命令，连续在参数下"粘贴"两次出现"a.1""a.2"，逐个双击，出现"编辑参数"对话框，在对话框内修改变量参数名称和相应的数值，修改完成后单击"确定"，完成在参数特征树上参数列表的快速建立，如图 8-33 所示。

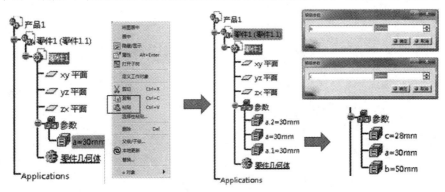

图 8-33　快速修改变量参数名称和相应数值

(3) 在草图编辑器中绘制一个矩形，约束长和宽的尺寸，在单击鼠标右键选择出现的对话框中的"对象"下拉菜单中的"编辑公式"，如图 8-34 所示会出现"公式编辑器"对话框，在对话框中输入要选择的参数 b，点击"确定"即可，如图 8-35 所示。对多个参数可采用相同的操作步骤。

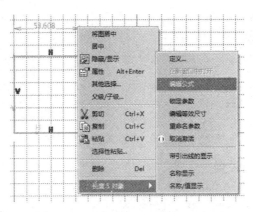

图 8-34　在尺寸标注中选择编辑公式

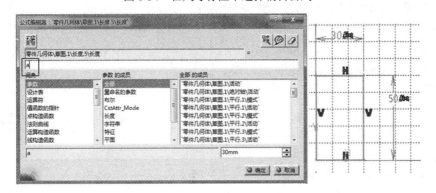

图 8-35　编辑驱动公式

(4) 退出草图编辑器，点击"拉伸"命令，在"定义凸台"对话框中的长度处单击鼠标右键，在出现的菜单中选择"编辑公式"，如图 8-36 所示，在"公式编辑器"中输入要选择的参数 c，点击"确定"即可。

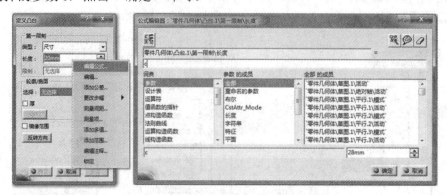

图 8-36   编辑驱动公式

至此，实现矩形凸台长、宽、高的三个参数控制，如图 8-37 所示。

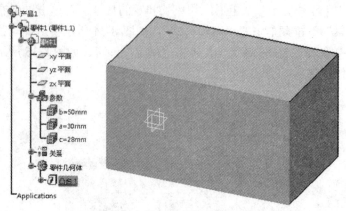

图 8-37   长、宽、高参数化模型

还可以将参数的数值设置成公式：点击"公式"命令 $f_{(x)}$，双击将要修改的参数 c，出现"公式编辑器"，如图 8-38 所示；在公式字段输入 a-b，如图 8-39 所示；单击"确定"按钮，即可实现参数和公式联合约束几何元素的相关参数，如图 8-40 所示。

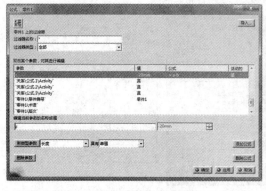

图 8-38   "公式"命令对话框

图 8-39   "公式编辑器"对话框

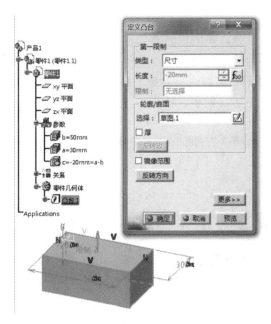

图 8-40　参数和公式联合约束几何元素的相关参数

8.2　特　征　编　辑

特征编辑是在已有实体的基础上，创建满足设计要求和制造工艺要求的功能特征。特征编辑包括对模型修饰的工具、对特征的移动工具和波尔操作等，如图 8-41 所示。

图 8-41　特征编辑工具栏

8.2.1　模型修饰工具

模型修饰工具也叫作修饰特征，包括倒圆角 、倒角 、拔模斜度 、抽壳 、增厚面 、内螺纹/外螺纹 、移除 和替换面 等功能特征。

1) 倒圆角

倒圆角共有五种形式：等半径圆角、可变半径圆角、玄圆角、面与面的圆角和三切线内圆角，每种形式的操作步骤基本一致，可根据需要选择不同的倒圆角方式。

倒圆角操作步骤如下：

(1) 单击"倒圆角"命令，弹出"倒圆角定义"对话框，输入圆角"半径"数值；

(2) 选择需要进行圆角化的对象，可以是一条边或多条边，单击该窗口旁边的图标，会弹出"圆角对象"对话框，可以进行对象的移除和替换操作；

(3) "选择模式"有相切、最小、相交和与选定特征相交四种模式，根据需要选择，一般情况下选择相切；

(4) 设置完成后点击"确认"，即生成倒圆角，如图 8-42 所示。

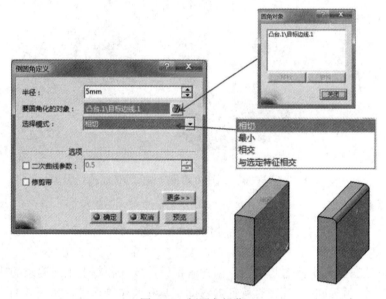

图 8-42　倒圆角操作

2) 倒角

倒角的操作与倒圆角基本一致，在"定义倒角"对话框中，倒角的模式有两种：长度 1/角度和长度 1/长度 2。第一种模式是通过倒角的长度和角度来定义倒角，如图 8-43 所示；第二种模式是通过倒角的两个边长度来定义倒角，如图 8-44 所示。数值框可输入倒角的轴向尺寸，角度数值框中可输入倒角轮廓线与轴线的角度。

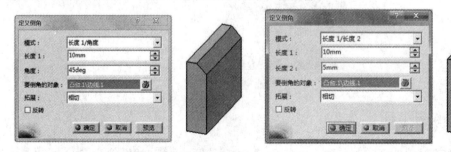

图 8-43　定义倒角模式一　　　　　　　　　图 8-44　定义倒角模式二

3) 拔模斜度

"拔模斜度"命令是在零件的拔模面上创建一个斜角，便于零件与模具的分离。拔模有三种模式：斜度拔模、反射线拔模和可变角度拔模。

拔模斜度的操作步骤为：单击"拔模斜度"命令，弹出"定义拔模"对话框，如图 8-45 所示，在对话框中设置与拔模相关的参数。参数含义如下：

拔模方向：零件与模具分离时的方向，在图中显示为褐色箭头；

拔模角：拔模面与拔模方向间的夹角，其值可为正值或负值；

中性面：拔模前后大小与形状保持不变的面，图中显示为蓝色；

中性线：中性面与拔模面的交线，拔模前后其位置不变，图中显示为粉色；

分界面：沿中性线方向限制拔模面范围的平面；

分离元素：分割实体成两部分的元素，分离后的实体可各自创建拔模特征。

在对话框中的"角度"窗口中输入拔模角度，在"要拔模的面"窗口中选择拔模面，在"中性元素"中选择中性面，"拓展"窗口中显示默认无，"拔模方向"区内的"选择"窗口中显示拔模方向的起始面。设置完成，点击"确定"，即生成拔模面。

图 8-45 "定义拔模"对话框

4) 抽壳

抽壳又叫盒体。"抽壳"命令的功能是将实体上的某些表面移除，挖空实体的内部，形成具有一定厚度的薄壁盒体。

抽壳命令的具体操作为：单击"抽壳"命令，弹出"定义盒体"对话框，如图 8-46 所示，设置抽壳厚度，选择"要移除的面"，再单击"确定"，即得到创建的盒体。

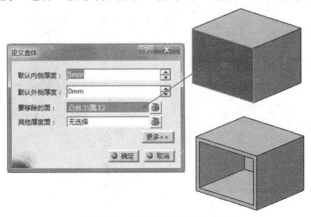

图 8-46 "定义盒体"对话框

5) 增厚

"增厚"命令是增加或减少指定形体表面的厚度。单击"增厚"命令，弹出如图 8-47 所示的"定义厚度"对话框，在对话框中的"默认厚度"窗口中输入厚度值。当输入值为正时，增加实体表面厚度；当输入值为负时，减少实体表面厚度。在对话框中的"默认厚度面"选择要加厚的面(可选择多个面)，点击"确定"，即完成实体表面增厚。

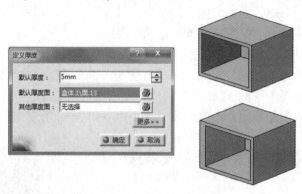

图 8-47　"定义厚度"对话框

6) 内螺纹/外螺纹

"内螺纹/外螺纹"命令可以在圆柱体内外表面进行螺纹的创建。用该命令创建的螺纹在实体上是不显示的，只在特征树上显示有内、外螺纹的图标和参数。在生成工程图时，系统会自动识别螺纹并按内、外螺纹的规定画法表示螺纹。

单击"螺纹"命令，弹出如图 8-48 所示"定义内螺纹/外螺纹"对话框，在"几何图形定义"对话框中选择需要创建螺纹的侧面、限制螺纹的限制面、内外螺纹和螺纹方向。在"底部类型"对话框中选择尺寸、支持面深度或直到平面。在"数值定义"对话框中设置螺纹的相关参数。设置完成点击"确定"，在几何实体上即生成螺纹。

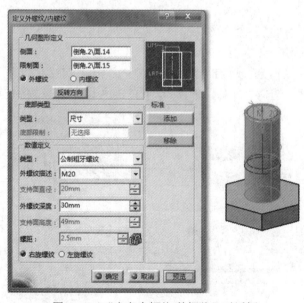

图 8-48　"定义内螺纹/外螺纹"对话框

7) 移除面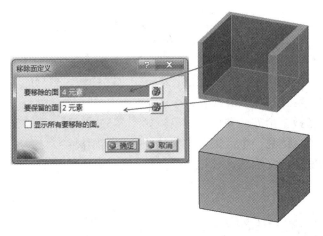

"移除面"命令用于对实体上的凹槽等复杂表面进行移除，实现表面的还原。

单击"移除面"命令，弹出"移除面定义"对话框，如图 8-49 所示，选择"要移除的面"和"要保留的面"，单击"确定"按钮，即实现凹槽的移除。

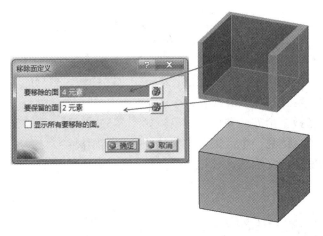

图 8-49　"移除面定义"对话框

8) 替换面

"替换面"命令用于利用已有的外部曲面形状对实体的表面形状进行修改以获得特殊形状的实体。

单击"替换面"命令，弹出"定义替换面"对话框，如图 8-50 所示，选择"替换曲面"(已画好)和"要移除的面"，点击"确定"，原实体要移除的面已经按照曲面形状进行移除。

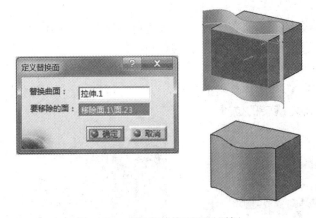

图 8-50　"定义替换面"对话框

8.2.2　对特征的移动操作

对特征的移动操作可利用变换特征工具栏实现，如图 8-41 所示，对各种实体进行位置变换、镜像复制、阵列复制、比例缩放等操作。这些命令的使用可以减少建模时的重复工作，提高工作效率。

1) 变换

在"变换"工具栏中共有四种变换命令："平移""旋转""对称"和"定位变换"，如图 8-51 所示。

图 8-51   "变换"工具栏

(1) "平移"命令是把当前实体沿给定方向或位置移动，平移的参数在"平移定义"对话框中进行设置，定义模式共有三种：

方向、距离：选择一个方向并输入距离，如图 8-52 所示；

点到点：从一个点到另一个点来定义移动的方向和距离；

坐标：用坐标值来定义沿 X、Y、Z 坐标轴的移动距离。

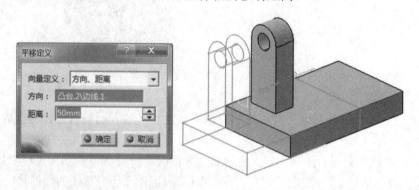

图 8-52   平移操作

(2) "旋转"命令是把当前实体绕指定轴线旋转到一个新的位置，旋转参数可以在"旋转定义"对话框中进行设置，定义模式共有三种：

轴线-角度：选择实体旋转的轴线，设置旋转角度，如图 8-53 所示；

轴线-两个元素：选择实体旋转的轴线，旋转的角度从一个点到另一个点；

三点：由三点确定旋转的位置。

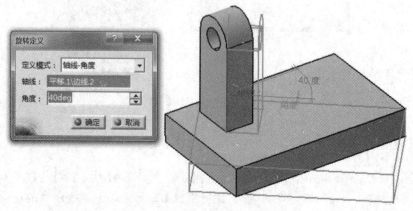

图 8-53   旋转操作

(3) "对称"命令是把当前实体对称到参考元素的相对位置。参考元素可以是点、线或平面。对称元素在"对称定义"对话框中选择，如图 8-54 所示。

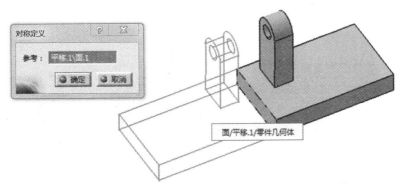

图 8-54　"对称定义"对话框

(4) "定位变换"命令是把当前坐标系下的实体变换到新坐标系下。在"'定位变换'定义"对话框中选择"参考"轴系和"目标"轴系，如图 8-55 所示，即可完成变换。定义参考轴系时，在"参考"对话框单击右键出现"创建轴系"，如图 8-56 所示，再次单击之后出现"轴系定义"对话框，不修改任何参数，点击"确定"，如图 8-57 所示。定义目标参考系时，用同样的方法找到"轴系定义"对话框，选择新坐标原点，并选择 X、Y、Z 轴方向，点击"确定"，如图 8-58 所示。

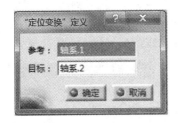

图 8-55　"'定位变换'定义"对话框

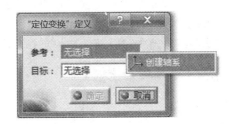

图 8-56　创建轴系

图 8-57　定义参考系

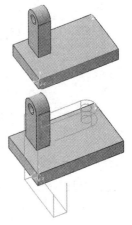

图 8-58　定义目标系

2) 镜像复制

"镜像"命令与"对称"命令相似，其区别在于镜像保留原实体，且"镜像"命令可将实体模型上的一个或几个局部特征进行镜像，也可以将整体模型进行镜像，如图 8-59 所示。

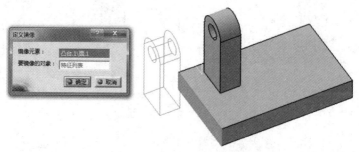

图 8-59 "定义镜像"对话框

3) 阵列复制

"阵列"命令是将实体按一定形状进行多次复制，阵列复制有三种方式：矩形阵列、圆形阵列、用户阵列。矩形阵列可以创建按矩形排列的一系列实体模型。在"定义矩形阵列"对话框中首先在"第一方向"选项卡中选择"参数"定义方式：实例和间距、实例和长度、间距和长度、实例和不等间距，并输入相关参数；其次选择需要阵列的"参考方向"；最后选择"要阵列的对象"。如想要在第二个方向进行阵列，点击"第二方向"选项卡进行设置，如图 8-60 所示。圆形阵列可以创建按圆周排列的一系列实体模型，通常通过实例数和角度来进行参数设置。用户阵列可以将实体模型阵列到用户指定的任意位置上，通常通过将在草图编辑器中建立新的定位点作为参数进行设置。

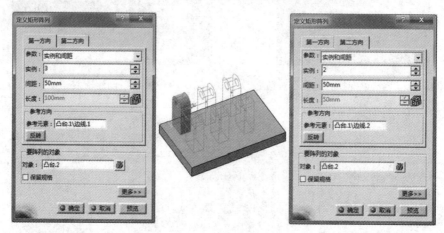

图 8-60 定义矩形阵列

4) 比例缩放

"比例缩放"命令是按照指定的比例和参考(可以是点、线、面)对选中的实体在 X、Y、Z 三个方向进行等比例缩放。在"缩放定义"对话框中输入比率(大于 1 为放大，小于 1 为缩小)，并选择"参考"，如图 8-61 所示。图中选择凸台平面作为参考，所以只在与平面垂直的方向缩小。

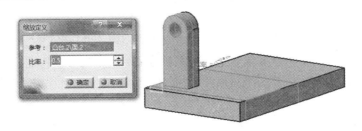

图 8-61 "缩放定义"对话框

8.2.3 多体零件的布尔运算

有些实体可以看作是由另一些实体组合而成的。将多个实体组合成一个实体，需要对实体进行逻辑运算。在 CATIA 中实现多体零件的逻辑运算即布尔运算，包括装配 、添加 、移除 、相交 、联合修剪 和移除块 。

布尔运算只能运用在多体零件上，即必须要插入新的零件体才能进行波尔运算，如图 8-62 所示。单击下拉菜单"插入"命令，选择插入"几何体"命令，完成"几何体.2"的插入。

图 8-62 插入新的几何体

1) 装配

"装配"命令类似于求两个几何体的代数和，添加材料的特征为正，去除材料的特征为负。

具体操作如下：

在 Part1 下建立两个零件几何体，单击"装配"命令，将几何体.2 装配到零件几何体之上，点击"确定"，完成操作，如图 8-63 所示。

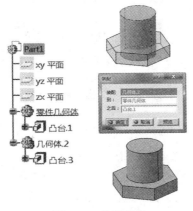

图 8-63 装配操作

2）添加

"添加"命令与"装配"相似，如果两个零件体都为添料特征，"添加"命令与"装配"命令结果相同。如果两个零件体一个为添料特征另一个为除料特征，则是把这两个特征相加，类似于求两个几何体的绝对值和。"添加"命令的操作流程与"装配"命令相同。

3）移除

"移除"命令就是从一个零件体减去另一个零件体，类似于两个几何体求差。"移除"命令的操作流程与"装配"命令相同。

4）相交

"相交"命令就是将两个零件体中相交的部分保留，其余部分删除，类似于两个集合体求交集。"相交"命令的操作流程与"装配"命令相同。

5）联合修剪

"联合修剪"命令是将两个几何体在求和前后，把其中某些部分修剪掉，形成新的实体。"联合修剪"命令的操作流程与"装配"命令相同。

6）移除块

"移除块"命令是将两个几何体完成布尔操作后，将在模型中可能会残留的实体或者空腔去除。"移除块"命令的操作流程与"装配"命令相同。

8.2.4　模型材料的选择

CATIA 中可以为三维模型添加材质，便于称重和后期进行模拟分析。选择需要添加材料的实体，单击"应用材料"命令，弹出"库"对话框如图 8-64 所示，选择一种材料，单击"确定"按钮，完成应用材料的添加。

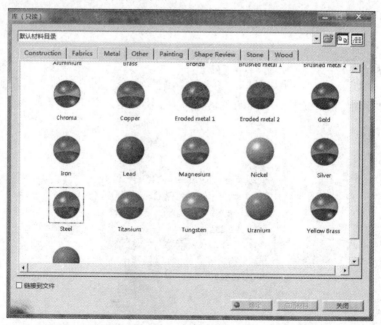

图 8-64　"库"对话框

8.3 零件设计实例

如图 8-65 所示为某个盘类零件，我们可以使用 CATIA 创建此零件实体。

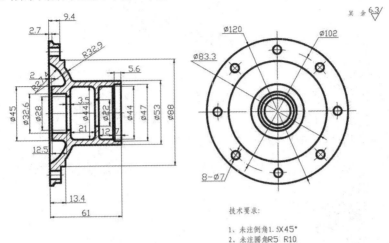

图 8-65 某盘类零件的二维图

盘类零件的主体由同轴回转面构成，在创建过程中常用"旋转体"命令 🔟。根据零件的剖视图或半剖视图绘制轮廓结构，选择一条中心线旋转出盘类主体结构，再根据需要利用"旋转槽""打孔""倒角""加强筋"等命令进行细节加工。

创建步骤如下：

(1) 创建一个新的零件，选择 ZY 平面进入草图编辑器工具台，根据二维图画出外部轮廓，如图 8-66 所示。退出草图，点击"旋转体"命令，弹出如图 8-67 所示对话框，选择 Y 轴为旋转轴，点击"确定"，即生成如图 8-68 所示零件主体轮廓实体。

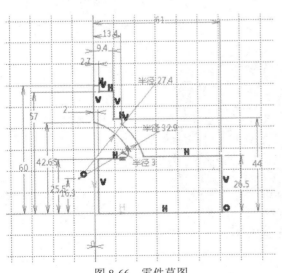

图 8-66 零件草图

图 8-67 "定义旋转体"对话框

图 8-68　零件主体轮廓实体

(2) 选择 ZY 平面进入草图编辑器工具台，绘制实体内部凹槽草图，如图 8-69 所示。退出草图，点击"旋转槽"命令，弹出如图 8-70 所示对话框，选择 Y 轴为旋转轴，点击"确定"，生成如图 8-71 所示零件实体。此步骤的草图可与上个步骤的草图一同绘制。

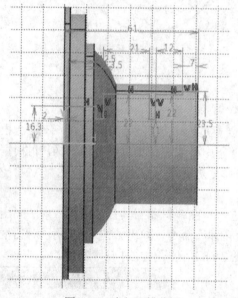

图 8-69　内部凹槽草图

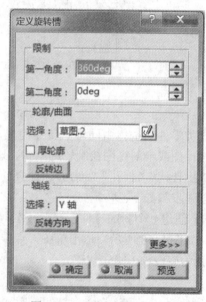

图 8-70　"定义旋转槽"对话框

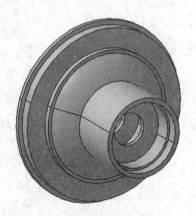

图 8-71　零件实体

(3) 选择零件实体的法兰面，点击"孔"命令，弹出如图 8-72 所示对话框，设置孔中心的位置，距实体的轴心 51 mm，设置孔的"扩展"类型为直到下一个，孔的直径为 7 mm，点击"确定"，生成一个孔。

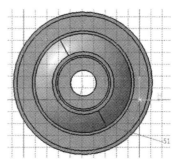

(a) 对话框　　　　　　　　　　　(b) 打孔

图 8-72　"定义孔"对话框

(4) 利用"圆周阵列"命令，绘制其余 7 个孔。单击"圆周阵列"命令，弹出"定义圆形阵列"对话框，如图 8-73 所示。在对话框中设置"实例"为 8、"角度间距"为 45deg、"参考元素"为要阵列的面和阵列的对象孔，点击"确定"，生成孔。

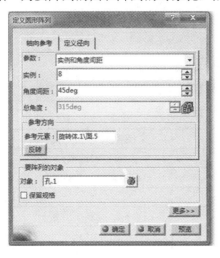

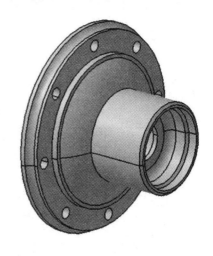

（a）对话框　　　　　　　　　　　（b）阵列孔

图 8-73　"定义圆形阵列"对话框

(5) 根据二维图纸要求，进行倒角和倒圆角操作，最终完成盘类零件三维实体的绘制，如图 8-74 所示。

图 8-74　盘类零件三维实体

课 后 习 题

1. 如图 8-75 所示，根据二维图创建三维零件实体。

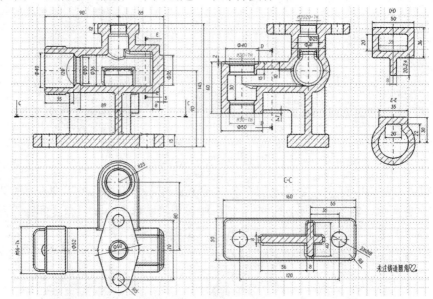

图 8-75　第一题图

2. 利用参数化建模创建圆柱弹簧，弹簧参数如表 8-2。

表 8-2　弹簧参数

序号	参数名称	参数符号和公式
1	弹簧指数	c(查表选取)
2	弹簧丝直径	d(由强度计算求得)
3	节距	t
4	有效圈数	z
5	自由高度	h=t*z
6	弹簧圈中径	Dmid=t*z
7	弹簧圈外径	Dmax=Dmid+d
8	弹簧圈内径	Dmin=Dmid-d

取值：c=30，d=5 mm，t=6 mm，z=20。

第九章

曲面设计

① 熟悉曲面的创建思路；
② 掌握各种线框元素生成工具；
③ 掌握创成式外形常用曲面创建方法；
④ 掌握常见曲面操作工具的使用。

教学要点

知识要点	能力要求	相关知识
线框元素生成工具功能	能使用线框元素生成工具绘制常用曲线	圆弧曲线创建、圆角、二次曲线、样条线、空间螺旋线、平面螺旋线、3D投影、混合曲线、反射线、相交曲线、平行曲线等
曲面创建工具功能	能使用曲面创建工具绘制常规曲面	拉伸曲面、旋转曲面、球面、柱面、偏移、可变偏移、扫掠、填充、多截面曲面、桥接曲面、适应性扫掠等
曲面操作工具功能	能使用曲面操作对已有曲面进行编辑修改	曲面修补及曲线光顺、曲面分割与修剪、曲面曲线提取、曲面圆角、外插延伸等

　　CATIA 软件曲面设计功能强大，为用户提供了创成式曲面设计(Generative Sheetmetal Design)、自由曲面设计(Free Style)、草绘(Sketch Tracer)、数字曲面设计(Digitized Shape Editor)等多种曲面设计功能。本章主要讲述基本曲面设计内容，以创成式曲面设计模块为基础，叙述创建各种曲线的方法，然后详细说明如何创建常规曲面及常规曲面的编辑操作。本章学习是曲面学习中最重要的一部分，通过本章学习，应熟练掌握创建曲面的几种基本方法。

9.1　曲面设计概述

基本曲面设计过程中常用到线框与曲面设计(Wireframe and Surface Design)和创成式钣金设计(Generative Sheetmetal Design)两个工作台。线框和曲面设计是最基本的曲面设计工作台，在创成式外形设计及自由曲面设计里也涵盖有该工作台中的大部分曲面命令。创成式曲面设计简称 GSD，具有非常完整的参数化曲线和曲面创建工具，除了可以完成所有曲线操作，还可以完成拉伸旋转、偏移、扫掠、填充、桥接和放样等曲面的创建。它包含曲面的修剪、分割、结合及倒角等常用编辑工具，连续性最高能达到 G2，能生成封闭片体，并对包络体进行编辑，实现普通三维 CAD 软件曲面造型功能。

本节将着重介绍创成式外形设计的工作台的显示界面。

1. 线框与曲面设计工作台

通过文件→新建→Part 后进入 CATIA，选择开始→机械设计→线框和曲面设计可进入线框与曲面工作台，如图 9-1 所示，其中包括"线框""曲面""操作""草图""选择""已展开外形"等工具栏。

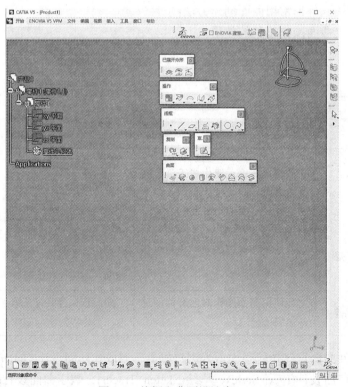

图 9-1　线框和曲面设计窗口

2. 创成式外形设计工作台

选择开始→形状→创成式外形设计命令，在系统弹出的"新建零部件"对话框中键入零件号，单击"确定"进入创成式曲面设计工作台，如图 9-2 所示。

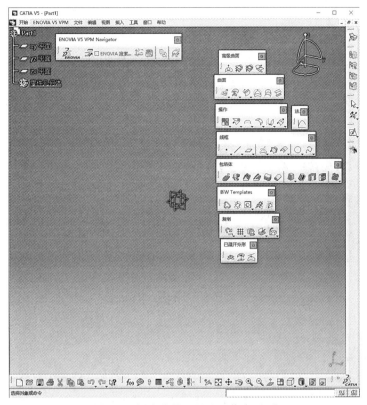

图 9-2 创成式外形设计工作台界面

9.2 生成线框元素的工具

如图 9-3 所示为生成线框元素工具的"Wireframe"及其下级工具栏。生成线框元素的
工具包括点、线、面、投影、相交、平行曲线、样条线等,其中点、直线、面等基本元素
已在前文介绍,本节主要介绍圆/圆弧、样条线、螺旋曲线、圆锥曲线、曲线圆角、曲线桥
接、平行曲线、空间偏移曲线、投影曲线、混合曲线、反射线等各种常见曲线的创建。

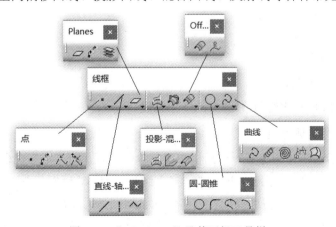

图 9-3 "Wireframe"及其下级工具栏

9.2.1　圆弧的创建

圆弧曲线是进行曲面设计中经常用到的一种重要曲线。CATIA 创成式外形设计模块 (GSD)中提供了两种方法：第一种是通过草图功能；第二种是通过线框工具栏中的圆弧功能。此处讲解第二种方法。点击线框中的"圆"命令，弹出如图 9-4 所示的"圆定义"对话框。

图 9-4　"圆定义"对话框

"圆定义"对话框各项说明如下：

圆类型：中心和半径、中心和点、两点和半径、三点、中心和轴线、双切线和半径、双切线和点、三切线、中心和切线等几种方法；

中心：输入圆心点；

支持面：选择圆弧所在的支撑面；

半径：输入圆弧半径；

支持面上的几何图形：若选中该选项，将圆或圆弧投影到基础曲面上；

按钮 🗇：生成圆弧；

按钮 ⊙：生成整个圆；

按钮 🗇：生成优弧；

按钮 🗇：生成劣弧；

开始/结束：圆弧的起始角度/圆弧的结束角度。

1. 由圆心和半径确定圆

如图 9-5 所示，在"圆定义"对话框中进行参数设置后可生成在曲面上的两条圆弧，单击"确定"按钮会弹出如图 9-6 所示的"多重结果管理"对话框，点选"使用近接/远离，仅保留一个子元素"，可保留远离或接近参考元素的圆弧；点选"使用提取，仅保留一个子元素"，可保留所提取的圆弧；点选"保留所有子元素"，可保留两条曲线。

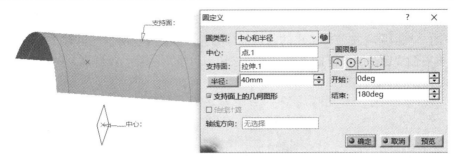

图 9-5　由圆心和半径确定圆

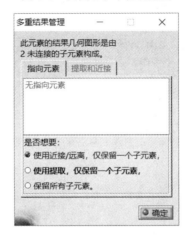

图 9-6　"多重结果管理"对话框

2. 由中心和点确定圆

如图 9-7 所示，在"圆定义"对话框中，若"圆类型"选择"中心和点"，其他参数按照对话框中进行设置，可生成在 ZX 平面上的整圆，点 1 坐标(0，0，0)，点 2 坐标(55，0，0)。

图 9-7　由中心和点确定圆

3. 由圆弧上两点和半径确定圆

如图 9-8 所示，在"圆定义"对话框中，若"圆类型"选择"两点和半径"，其他参数按照对话框中进行设置，点 1 坐标(0，0，0)，点 2 坐标(55，0，0)。如图 9-8 所示，出现 2

个解可以通过单击对话框中"下一个解法"按钮选择合适的解。如果单击对话框右侧"圆限制"下的"修剪圆"按钮，求出的则是部分圆弧，如图 9-9 所示，也有 2 个解。单击图9-8 对话框右侧"圆限制"下的"补充圆"按钮，可求出另外一半圆弧，同样是 2 个解，如图 9-10 所示。

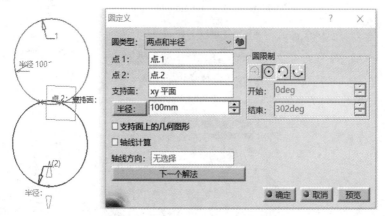

图 9-8　由圆弧上两点和半径创建圆

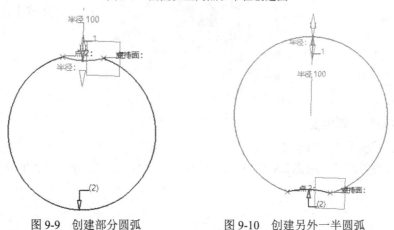

图 9-9　创建部分圆弧　　　　　　　　图 9-10　创建另外一半圆弧

4. 由圆弧上三点确定圆

在"圆类型"下拉列表中，选择"圆类型"为"三点"，点 1 坐标(0，0，0)，点 2 坐标(55，0，0)，点 3 坐标(30，50，0)，生成整圆如图 9-11 所示。

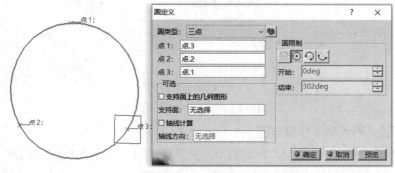

图 9-11　三点圆的创建

5. 由双切线和半径确定圆

创建该类型圆的操作步骤如下：

(1) 在"圆类型"下拉列表中，选择"双切线和半径"。

(2) 选择预先绘制的曲线草图.2 填入"元素 1"文本框中，选择曲线草图.3 填入"元素 2"文本框中。

(3) 设置"支持面"，默认为两曲线所在平面。

(4) 设置"半径"，在"半径"文本框中输入 20 mm。如图 9-12 所示。

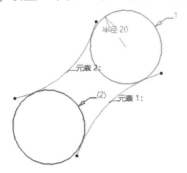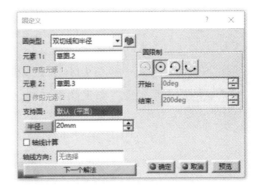

图 9-12　两曲线公切圆的创建

6. 由双切线和点确定圆

创建该类型圆的操作步骤如下：

(1) 在"圆类型"下拉列表中，选择圆类型为"双切线和点"。

(2) 选择曲线草图.2 填入"元素 1"文本框中。

(3) 选择曲线草图.3 填入"曲线 2"文本框中。

(4) 选择点.5 填入"点"文本框中，表示生成的圆弧将通过此点。

(5) 设置"支持面"，默认是两曲线所在平面。如图 9-13 所示。

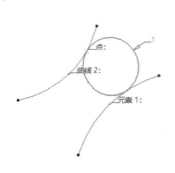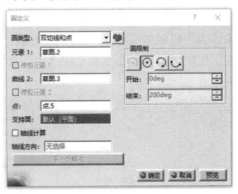

图 9-13　通过一点和两曲线相切圆的创建

7. 由三切线确定圆

创建该类型圆的操作步骤如下：

(1) 在"圆类型"下拉列表中，选择圆弧类型为"三切线"。

(2) 设置三条与圆相切的曲线。选择曲线 草图.2 填入"元素 1"文本框中；选择曲线草图.3 填入"元素 2"文本框中；选择曲线草图.4 填入"元素 3"文本框中。

(3) 设置"支持面"，默认是三曲线所在平面，如图 9-14 所示。

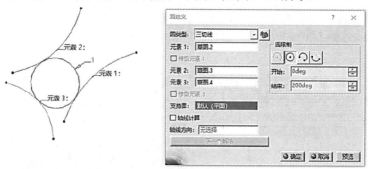

图 9-14　三曲线相切圆的创建

(4) 较常见的用途是求取三角形的内切圆，如图 9-15 所示。

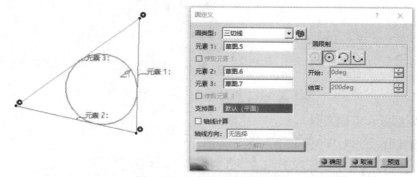

图 9-15　三角形内切圆的创建

8. 由圆心和切线确定圆

创建该类型圆的操作步骤如下：

(1) 在"圆类型"下拉列表中，选择圆类型为"中心和切线"确定圆。

(2) 设置"中心元素"，可以是点、曲线等元素。选择点.5 填入"中心元素"文本框中，表示点.5 作为生成圆的圆心，如图 9-16 所示。如果选择曲线草图.2 填入"中心元素"文本框中，表示生成圆的圆心在曲线草图.2 上，如图 9-17 所示，有可能会出现多解。

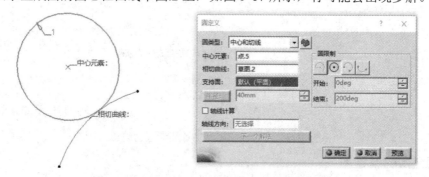

图 9-16　由中心元素与相切曲线确定的圆的创建

(3) 设置"相切曲线"，选择曲线草图.2 填入"相切曲线"文本框中。

(4) 设置"支持面"，默认是曲线草图.2 所在平面。

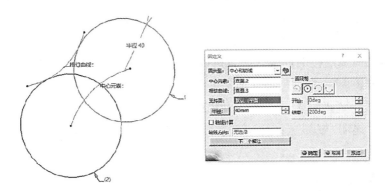

图 9-17　创建以曲线为中心元素与一曲线相切的圆

9.2.2　圆角

圆角功能可创建两曲线间的圆角和点与曲线间的圆角。单击 图标，弹出图 9-18 所示对话框。选取点或曲线分别显示于"元素 1"与"元素 2"文本框中，"支持面"默认为两条直线的公共平面，"半径"输入 15 mm，该圆角一共有 4 种解法，可通过单击"下一个解法"按钮完成需要的圆角的创建。

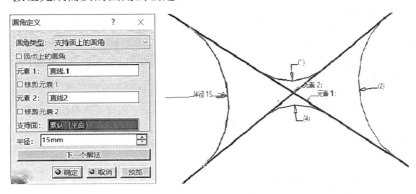

图 9-18　创建圆角

选择"顶点上的圆角"复选框，选取一点或一直线显示于"元素 1"文本框中，可创建剪切的顶点圆角，如图 9-19 所示。

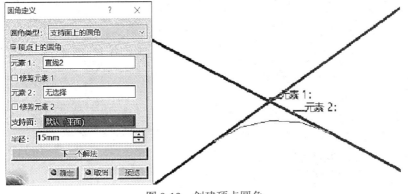

图 9-19　创建顶点圆角

9.2.3 生成连接曲线

生成与两条曲线连接的曲线，并且可以控制连接点处的连续性。单击 ，弹出如图 9-20 所示对话框，"第一曲线"选择预先建立好的草图.2 曲线的顶点，"曲线"默认选择草图.2，"第二曲线"选择预先建立好的草图.3 曲线的顶点，"曲线"默认选择草图.3。根据实际需要修改"连续"方式及"张度"参数，生成连接曲线，如图 9-21 所示。

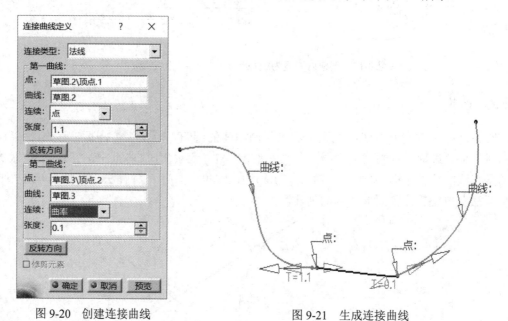

图 9-20　创建连接曲线　　　　　　图 9-21　生成连接曲线

9.2.4 二次曲线

在 CATIA 中，通过圆锥曲线按钮 可以创建圆锥曲线。根据 Parameter(参数)的不同，可以是抛物线(Parameter=0.5)、椭圆(0<Parameter<0.5)或者是双曲线(Parameter>0.5)。利用"点"和"直线"命令，创建如图 9-22 所示折线。

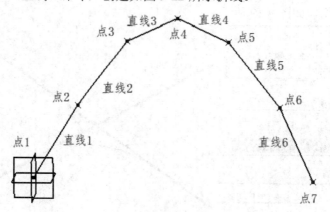

图 9-22　创建圆锥曲线

创建圆锥曲线的 6 种类型和方法有：

(1) 由起点、终点、起点和终点处的切线以及圆锥曲线形状参数创建曲线，按照如图 9-23(a)所示对话框进行参数设置，生成如图 9-23(b)所示二次曲线。

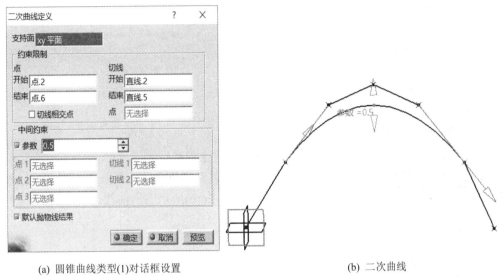

(a) 圆锥曲线类型(1)对话框设置　　　　　　　　　(b) 二次曲线

图 9-23　圆锥曲线创建类型(1)

(2) 由起点、终点、起点和终点处切线的交点创建曲线，按照如图 9-24(a)所示对话框进行参数设置，生成如图 9-24(b)所示二次曲线。

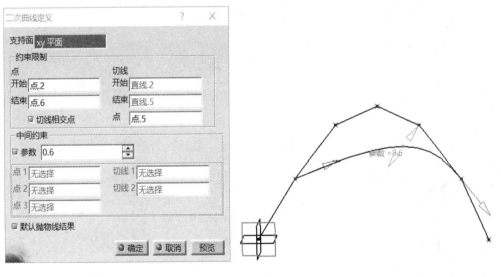

(a) 圆锥曲线类型(2)对话框设置　　　　　　　　　(b) 二次曲线

图 9-24　圆锥曲线创建类型(2)

(3) 由起点、终点、起点和终点处的切线以及圆锥曲线上的一点创建曲线，按照如图 9-25(a)所示对话框进行参数设置，生成如图 9-25(b)所示二次曲线。

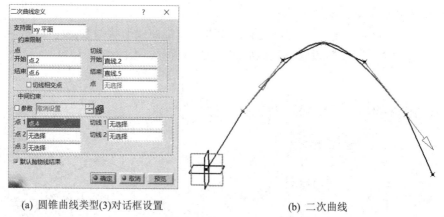

(a) 圆锥曲线类型(3)对话框设置　　　　　　　　　　(b) 二次曲线

图 9-25　圆锥曲线创建类型(3)

(4) 由起点、终点、起点和终点处切线的交点以及圆锥曲线上的一点创建曲线，按照如图 9-26(a)所示对话框进行参数设置，生成如图 9-26(b)所示二次曲线。

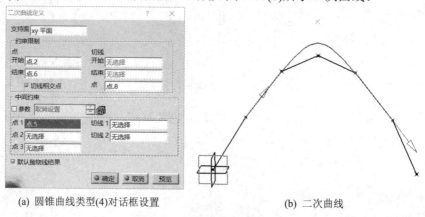

(a) 圆锥曲线类型(4)对话框设置　　　　　　　　　　(b) 二次曲线

图 9-26　圆锥曲线创建类型(4)

(5) 由四点以及其中一点的切线创建曲线，按照如图 9-27(a)所示对话框进行参数设置，生成如图 9-27(b)所示二次曲线。

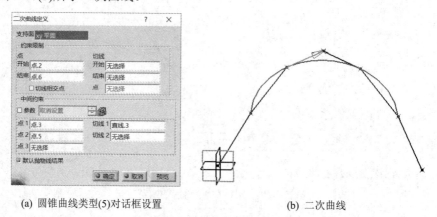

(a) 圆锥曲线类型(5)对话框设置　　　　　　　　　　(b) 二次曲线

图 9-27　圆锥曲线创建类型(5)

(6) 由圆锥曲线上的五点创建曲线，按照如图 9-28(a)所示对话框进行参数设置，生成如图 9-28(b)所示二次曲线。

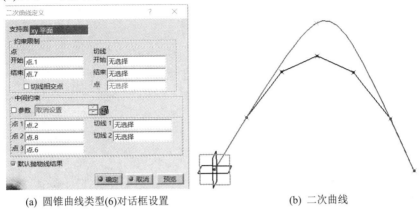

(a) 圆锥曲线类型(6)对话框设置　　　　　　　(b) 二次曲线

图 9-28　圆锥曲线创建类型(6)

9.2.5　样条线

在 CATIA 中，通过"样条线"按钮将一些已知点加在已知点所处的切线方向上，连接得到的曲线就是样条线。下面先创建如图 9-29 所示的辅助文件，所有点均在曲面上。

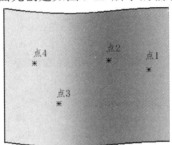

图 9-29　样条曲线辅助图

(1) 在 Wireframe 工具栏中，单击 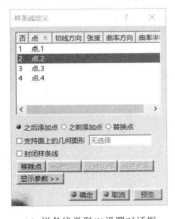 按钮，进入"样条线定义"对话框，按图 9-30(a) 对话框设置各参数，得到图 9-30(b)所示样条线。

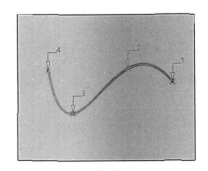

(a) 样条线类型(1)设置对话框　　　　　　　(b) 样条曲线

图 9-30　未设置切线方向时的样条线

(2) 按图 9-31(a)设置对话框，得到 9-31(b)所示样条线，设置了样条线的支持面为拉伸曲面，生成的样条线位于拉伸曲面上。

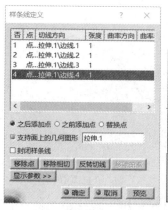 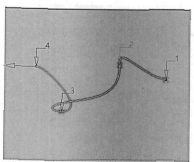

(a) 样条线类型(2)设置对话框　　　　(b) 样条曲线

图 9-31　设置切线方向及支持面时的样条线

如图 9-32 所示，可以对样条线的"张度""曲率方向""曲率半径""连续方式"进行设置，也可修改已生成样条线的"点"及对应点的"切线方向"。

图 9-32　"样条线定义"对话框

9.2.6　空间螺旋线

空间螺旋线在弹簧等零件的设计中经常会使用到。下面创建如图 9-33 所示的辅助曲线。

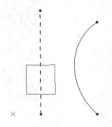

图 9-33　空间螺旋线辅助曲线

1. 等螺距圆柱螺旋线及圆锥螺旋线

在 Wireframe 工具栏中，单击 按钮，会弹出"螺旋曲线定义"对话框，按照图 9-34(a)所示设置参数，形成如图 9-34(b)所示的圆柱螺旋曲线。图示螺旋曲线为逆时针方向，可更改为顺时针，当修改拔模角度为 10°、起始角度为 15° 时，可生成如图 9-35 所示圆锥螺旋曲线。起始角度表示起始点与螺旋线中心的连线与螺旋线实际起始点与螺旋线中心的连线之间的夹角为 15°。

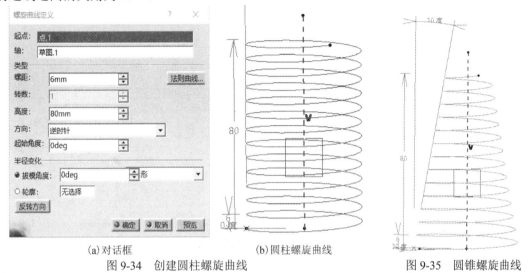

(a)对话框	(b)圆柱螺旋曲线	
图 9-34 创建圆柱螺旋曲线		图 9-35 圆锥螺旋曲线

2. 变螺距螺旋线 (法则曲线应用)

在"法则曲线定义"选项区域下，单击"常量"，表示螺距是不变常数，如图 9-36(a)所示。选中"单选"按钮，在"起始值"文本框中输入 6 mm，在"结束值"文本框中输入 3 mm，表示螺距将从 6 mm 到 3 mm 按二次曲线变化，如图 9-36(b)所示。

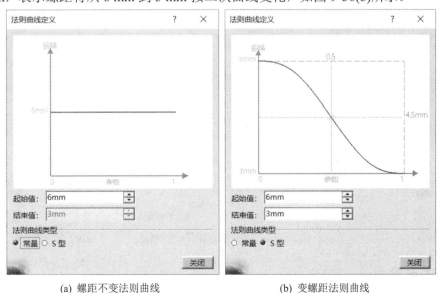

(a) 螺距不变法则曲线　　　　　　(b) 变螺距法则曲线

图 9-36 "法则曲线定义"对话框

按照图 9-36(b)所示设置法则曲线后，设定螺旋线"转数"为 10，其余按图 9-37(a)进行设置，得到变螺距圆锥螺旋线如图 9-37(b)所示。

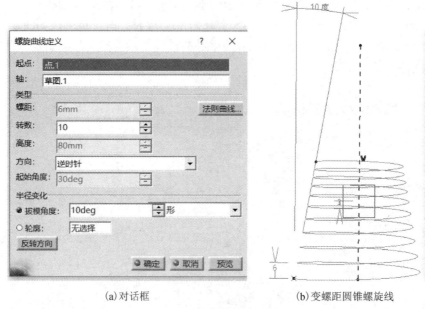

(a)对话框　　　　　　　　　(b)变螺距圆锥螺旋线

图 9-37　变螺距螺旋线的创建

3. 指定轮廓螺旋线

如图 9-38(a)所示设置各参数，"轮廓"选项选择草图.3，螺旋线起点需在轮廓线上。可生成等螺距的指定轮廓螺旋线如图 9-38(b)所示，也可通过法则曲线生成变螺距的指定轮廓螺旋线。

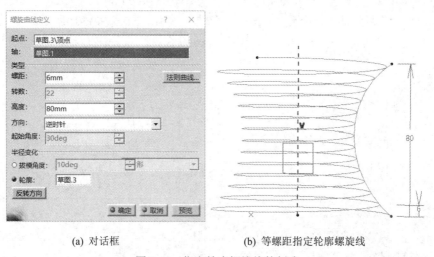

(a) 对话框　　　　　　　　　(b) 等螺距指定轮廓螺旋线

图 9-38　指定轮廓螺旋线的创建

9.2.7　平面螺旋线

另外一种螺旋线是平面螺旋线，在卷簧等零件设计中会使用到。在 CATIA 中，有角度和半径、角度和螺距、半径和螺距三种创建平面螺旋线的方式。

　　创建平面螺旋线时单击 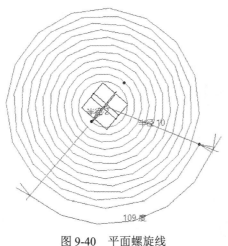 图标，弹出如图 9-39 所示对话框，"支持面"为螺旋线所在平面，"中心点"为螺旋线中心，"参考方向"表示生成的螺旋线起点半径和终止角度将以选定直线为参考，方向可选定逆时针或顺时针。根据螺旋线类型的不同，设置相应的参数值，生成的平面螺旋线如图 9-40 所示。"终止角度"表示螺旋线终点与中心点的连线与参考方向的交角。

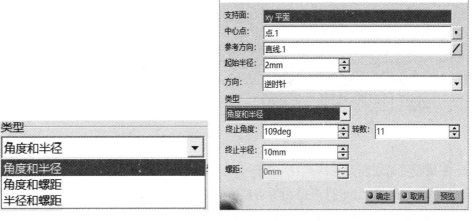

图 9-39　平面螺旋线创建对话框

图 9-40　平面螺旋线

9.2.8　脊线

　　脊线是一条垂直于一系列平面或者平面曲线的曲线。脊线在扫掠曲面、放样曲面的设计中起着重要的作用。可生成不设置起点的脊线、通过设置起点的脊线，也可通过两条引导线生成脊线。

1. 生成不设置起点的脊线

　　单击 图标，弹出如图 9-41(a)所示对话框，"截面//平面"选择已经绘制的草图轮廓或预先建立的平面。选择好截面后，可生成图 9-41(b)所示的脊线。

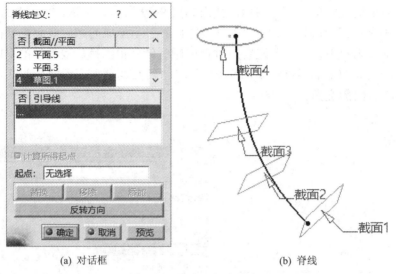

(a) 对话框   (b) 脊线

图 9-41   不设置起点的脊线

2. 生成设置脊线起始点的脊线

单击 图标，弹出如图 9-42(a)所示对话框，"截面//平面"选择已经绘制的草图轮廓或预先建立的平面。选择好截面后设置引导线，生成如图 9-42(b)所示脊线。

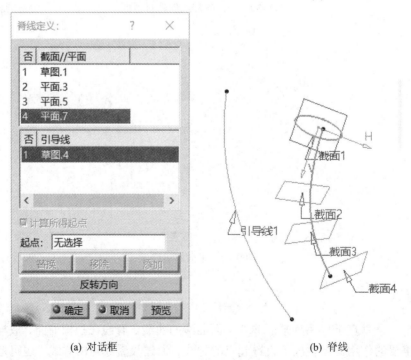

(a) 对话框   (b) 脊线

图 9-42   设置引导线的脊线

3. 生成通过两条引导线的脊线

单击 图标，弹出如图 9-43(a)所示对话框，在"引导线"对话框中，选择两条引导线生成脊线，如图 9-43(b)所示，脊线位于两条引导线之间。

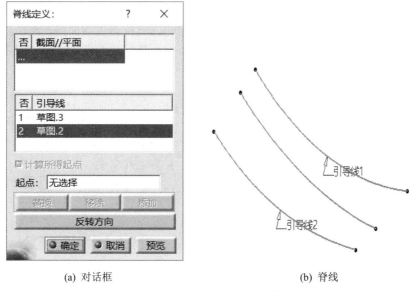

(a) 对话框　　　　　　　　　　　　　(b) 脊线

图 9-43　通过两条引导线的脊线

9.2.9　投影

投影功能是生成一个元素(点、直线或曲线的集合)在另一个元素(曲线、平面或曲面)上的投影。一般分为两种情况：

(1) 一个点投影到直线、曲线或曲面上。

(2) 点和线框混合元素投影到平面或曲面上。

单击 　 图标，选择"投影类型"(法线或指定方向)，"投影的"元素可选择 1 个或多个，选择投影支持面，"光顺"形式有三个选项(无、相切或曲率)，各参数设置如图 9-44(a)所示。投影结果如图 9-44(b)所示。

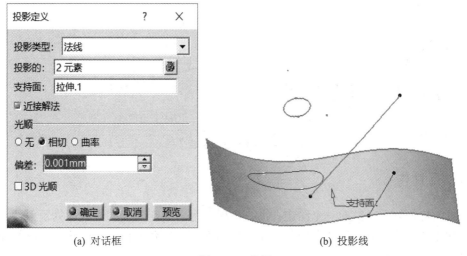

(a) 对话框　　　　　　　　　　　　　(b) 投影线

图 9-44　投影

9.2.10 混 合

混合曲线是指空间的两条曲线，沿着分别指定的方向拉伸生成曲面，两个曲面的交线就是所求的混合曲线。生成混合曲线时有两种类型一种是默认为法向，另一种是指定空间两条曲线的拉伸方向。

1. 法向混合曲线

单击 图标，弹出如图 9-45(a)所示对话框，"混合类型"选择法线，"曲线 1"选择空间椭圆曲线，"曲线 2"选择空间样条线，生成的混合曲线如图 9-45(b)所示。

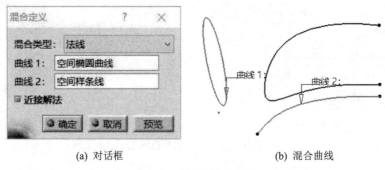

(a) 对话框　　　　　　　　(b) 混合曲线

图 9-45　法向混合曲线

2. 指定方向混合曲线

单击 图标，弹出如图 9-46(a)所示对话框，"混合类型"选择沿方向，"曲线 1"选择空间椭圆曲线，"曲线 2"选择空间样条线，"方向 1"和"方向 2"分别选择直线.1 和直线.2，生成的混合曲线如图 9-46(b)所示。

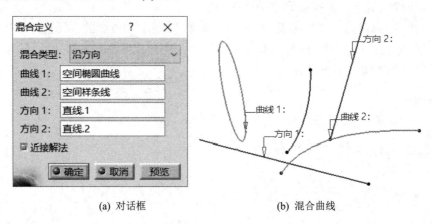

(a) 对话框　　　　　　　　(b) 混合曲线

图 9-46　指定方向混合曲线

9.2.11 反 射 线

光线由特定的方向射向一个给定曲面，反射角等于给定角度的光线即为反射线。反射线是所有在给定曲面上的法线方向与给定方向夹角是给定角度值的点的集合。反射线有两种类型，一种是圆柱，另一种是二次曲线。

1. 圆柱

单击 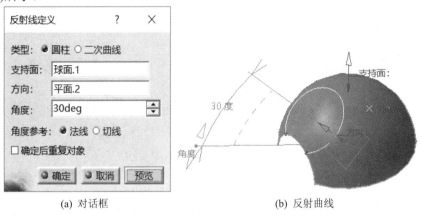 图标，弹出如图9-47(a)所示对话框，"类型"为圆柱，"支持面"选择建立的球面，"方向"选择平面.2，"角度"参考可选择平面法线或切线。"角度"设定为30deg，表示所有给定的曲面上的法线方向与给定平面法线方向的夹角为30°，生成的反射曲线如图9-47(b)所示。

(a) 对话框　　　　　　　　　　(b) 反射曲线

图 9-47　圆柱形式反射曲线

2. 二次曲线

单击 图标，弹出如图9-48(a)所示对话框，"类型"为二次曲线，"支持面"选择建立的球面，"原点"选择球面上的点.2，角度设定为80deg，生成的反射曲线如图9-48(b)所示。

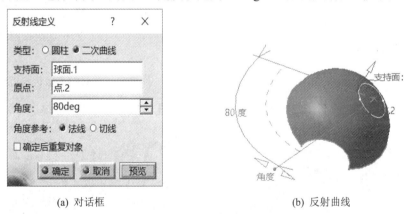

(a) 对话框　　　　　　　　　　(b) 反射曲线

图 9-48　二次曲线形式反射曲线

9.2.12　相交

该功能是生成两个元素之间的相交部分。例如两条相交直线生成一个交点，两个相交平面(曲面)生成一条直线(曲线)等。相交元素大致包括：① 线框元素之间；② 曲面之间；③ 线框元素和一个曲面之间；④ 曲面和拉伸实体之间四种情况。

单击 图标弹出如图9-49(a)所示对话框，在"第一元素"和"第二元素"位置选取两个相交元素。选择相交结果类型如下：

(1) 线框元素之间相交时，创建结果为一条曲线，如图9-49(b)所示。

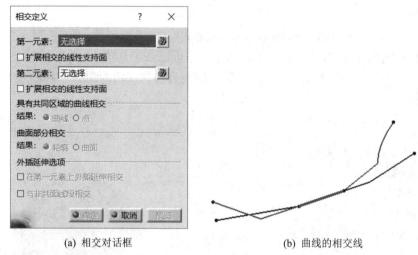

(a) 相交对话框　　　　　　　　　　　(b) 曲线的相交线

图 9-49　创建相交曲线

(2) 线框元素之间相交，创建结果为点时，如图 9-50 所示。

(3) 当两条直线没有相交，可选择"扩展相交的线性支持面"复选框，将两条直线延长，创建延长线的交点，如图 9-51 所示。

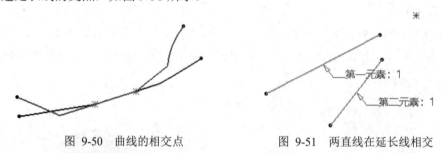

图 9-50　曲线的相交点　　　　　　　图 9-51　两直线在延长线相交

(4) 曲面之间相交时，创建结果为轮廓线，如图 9-52 所示。

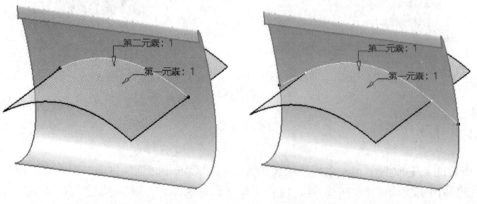

(a) 未勾选在第一元素上外插延伸相交　　　(b) 勾选在第一元素上外插延伸相交

图 9-52　曲面之间相交线

(5) 曲面和实体相交，对话框中曲面部分相交选择轮廓时，结果如图 9-53(a)所示；选择曲面时结果如图 9-53(b)所示。

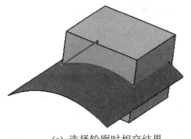

(a) 选择轮廓时相交结果　　　　　　(b) 选择曲面时相交结果

图 9-53　曲面之间相交线

(6) 当创建两不共面的线相交时，需勾选"外插延伸选项"下的"与非共面线段相交"复选框。

9.2.13　平行曲线

该功能是在基础面上生成一条或多条与给定曲线平行(等距离)的曲线。

单击 弹出如图 9-54(a)所示对话框，对话框各部分含义如下：

(1) "曲线"文本框：选择要偏移的曲线。

(2) "支持面"文本框：选择曲线的支持面。

(3) "常量"文本框：输入要偏移的距离。偏移距离也可通过"法则曲线定义"对话框设置，如图 9-54(b)所示，可设置法则曲线的"起始值"及"结束值"，选择需要的"法则曲线类型"，也可通过高级选择自定义法则曲线元素，勾选"反转法则曲线"颠倒起始和终止值。

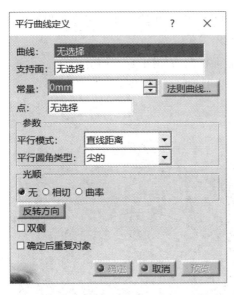

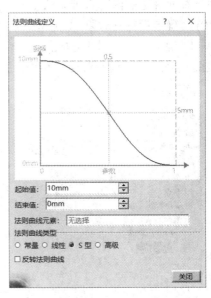

(a) "平行曲线定义"对话框　　　　　　(b) "法则曲线定义"对话框

图 9-54　平行曲线设置

(4) "点"文本框：可选择一点作为偏移曲线经过的点，若选择了该点，则常量区域不可用。

(5) "平行模式"下拉列表框：包括"直线距离"(两平行线之间的距离为最短曲线，不考虑支撑面)和"测地距离"(两平行线之间的距离为最短的曲线，考虑支撑面，此时偏移距离只能为常数，不可编辑规则)。

(6) "平行圆角类型"下拉列表框：包括"尖的"，如图 9-55(a)所示(平行曲线与参考曲线的角特征相同)和"圆的"(平行曲线在角上以圆过渡，该方式偏移距离只能为常量)，如图 9-55(b)所示。

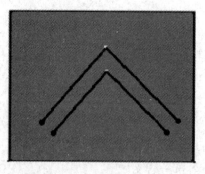 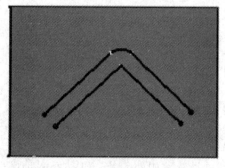

(a) 尖的　　　　　　　　　　　　(b) 圆的

图 9-55　平行圆角类型

(7) "光顺"选项区域：可选择平滑处理类型，如"无"(不激活平滑处理选项)"相切"(平滑处理为切向连续)和"曲率"(曲线的平滑处理为曲率连续)。

(8) "反转方向"按钮：单击可改变曲线的偏移方向。

(9) "双侧"复选框：选择后会在参考曲线两侧同时生成平行曲线，但必须在参考曲线曲率半径允许范围内，否则无法生成。

(10) "确定后重复对象"复选框：选择后可生成多个曲线，每个曲线间距都为常量值。

单击"确定"按钮创建完成。

按图 9-56(a)对话框设置相关参数，生成的平行曲线如图 9-56(b)所示。

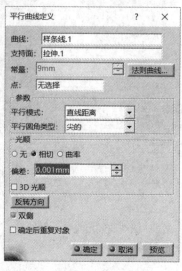 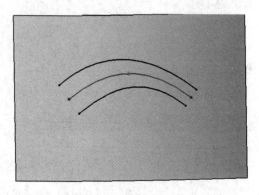

(a) 平行曲线设置　　　　　　　　　　(b) 平行曲线

图 9-56　平行曲线的创建

9.2.14　平移 3D 曲线

该功能可创建三维曲线沿某方向的偏移曲线。单击 ，弹出如图 9-57(a)所示对话框，按图设置各参数后，生成如图 9-57(b)所示 3D 平移曲线。对话框中各项含义如下：

"曲线"：选择要偏移的曲线；"拔模方向"：选择一方向直线或平面；"偏移"：设定偏移距离；"3D 圆角参数"：可帮助用户处理偏移过程中产生的歧义；"半径"：若参考曲线的曲率半径小于偏移距离，则将以该半径为最小曲率半径创建曲线；"张度"：创建 3D 曲线需要，张度决定了曲线的松紧度，可根据需要输入曲线张度数值。

参考曲线必须为切线连续曲线，且牵引方向不能与参考曲线同线。

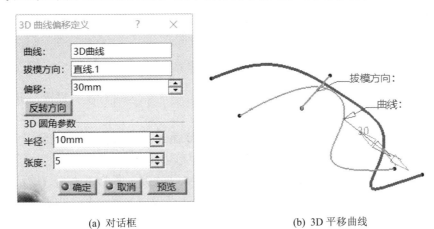

(a) 对话框　　　　　　　　　(b) 3D 平移曲线

图 9-57　平移 3D 曲线

9.3　曲面的创建

线架构与曲面造型两种工具是相互的，复杂的线架构需要有曲面辅助才能完成，而曲面也需要以线架构为基础来建立。本节将介绍 GSD(Generative Shape Design)工作台所包含的曲面生成工具。生成曲面的工具栏如图 9-58 所示，共有 12 个图标，如表 9-1 所示给出了曲面生成工具简介。

图 9-58　曲面生成工具栏

表 9-1　曲面生成工具简介

名称	图标	功能简介	名称	图标	功能简介
拉伸		通过曲线生成拉伸曲面	粗略偏移		利用粗略偏移生成曲面与参考面间允许有偏差
旋转		通过曲线生成旋转曲面	扫掠		把轮廓线沿着一条空间曲线扫描成曲面
球面		生成球面	适应性扫掠		利用沿着导引曲线约束下的隐形轮廓生成扫描曲面

名称	图标	功能简介	名称	图标	功能简介
圆柱面		生成圆柱曲面	填充		填充曲面间的空隙
偏移		让曲面沿着法向量等距偏移建立新的曲面	多截面曲面		利用不同轮廓以渐进方式生成连接曲面
可变偏移		让曲面沿着法向量非等距偏移建立新的曲面	桥接		可用于连接两个独立的曲面或曲线

9.3.1　拉伸曲面

单击 图标，弹出如图 9-59(a)所示对话框，按对话框进行参数设置，可生成如图 9-59(b)所示拉伸曲面。对话框中的各文本框含义为：

(1) "轮廓"：选择要拉伸的轮廓线(可创建空间曲线，也可以通过草图创建曲线)。

(2) "方向"：默认为轮廓所在平面的法向，也可以指定方向。

(3) "拉伸限制"下的类型：可选择"尺寸"或"直到元素"，"限制 1"是拉伸的正方向尺寸，"限制 2"是拉伸负方向的尺寸。勾选"镜像范围"复选框，只需指定"限制 1"的尺寸即可，"限制 2"的尺寸不可用。

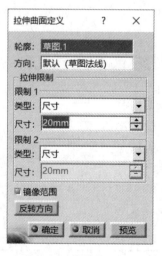

(a) 对话框

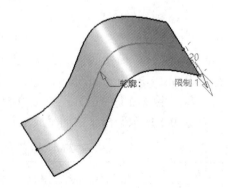

(b) 拉伸曲面

图 9-59　拉伸曲面定义

9.3.2　旋转曲面

单击 图标，弹出图 9-60(a)所示对话框，按对话框设置可生成图 9-60(b)所示旋转曲面。旋转曲面的形状取决于轮廓线及中心轴线。

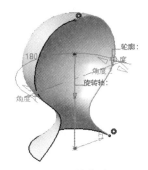

(a) 对话框　　　　　　　　　(b) 旋转曲面

图 9-60　旋转曲面定义

对话框中各文本框含义为:

(1) "轮廓"文本框选择要旋转的轮廓线(可创建空间曲线,也可以通过草图创建曲线)。

(2) "旋转轴"为预先建立的直线(可通过直线命令创建,也可通过草图绘制直线)。

(3) "角限制"中"角度 1"是从轮廓线绕轴线逆时针角度大小,"角度 2"是从轮廓线绕轴线顺时针角度大小。

9.3.3　球　面

单击 图标,弹出图 9-61(a)所示对话框,按对话框设置可生成图 9-61(b)所示球面。对话框中各文本框的含义为:

(1) "中心"文本框选择球面中心点,该点可提前用"点"命令创建或在文本框中单击右键创建点。

(2) "球面轴线"文本框可选择"默认(绝对)"坐标,也可创建轴系。

(3) "球面限制"有两种类型:一种是非全球面,另一种是全球面。图 9-61(a)选择为非全球面,可通过更改经线和纬线的起始角和终止角度得到需要的球面形状。如果选择全球面,则生成一个完整的球形曲面。

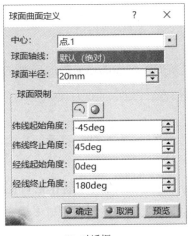

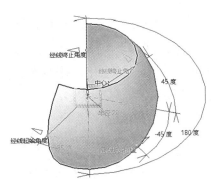

(a) 对话框　　　　　　　　　(b) 球面

图 9-61　球面曲面定义

9.3.4　柱　面

单击 ⬚ 图标，弹出如图 9-62(a)所示对话框，按对话框进行参数设置可生成图 9-62(b)所示柱面。对话框中各文本框的含义为：

(1) "点"文本框选择柱面起点圆中心点，该点可提前用"点"命令创建或在文本框中单击右键来创建。

(2) "方向"文本框可提前创建直线、平面作为方向或可在文本框右键选择 X、Y、Z 部件，也可在文本框处右键创建直线或平面。

(3) "参数"文本框可设定柱面截面圆的半径大小、柱面长度值等。

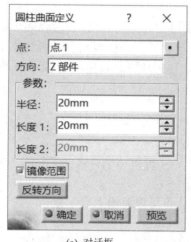

(a) 对话框

(b) 柱面

图 9-62　柱面定义

9.3.5　偏　移

单击 🗜 图标，弹出图 9-63(a)所示对话框，按对话框进行参数设置可生成图 9-63(b)所示偏移面。对话框中各文本框的含义为：

(1) "曲面"文本框选择要偏移的面，该面可是提前创建的已有平面，或在文本框中单击鼠标右键通过"提取""接合"等命令创建面。

(2) "偏移"文本框设定曲面偏移距离。

(3) "参数"中的"光顺"可设定为无、自动、手动三种形式。可设定柱面截面圆的半径大小、柱面长度数值等。

(4) "反转方向"选项为更改曲面的偏移方向，勾选"双侧"复选框后可在参考面两侧生成曲面；勾选"确定后重复对象"复选框，可根据设定数量同时生成多个曲面。

(5) "要移除的子元素"选项为如果偏移面是由多个面构成，可通过该选项卡移除不需要偏移的曲面，如图 9-64 所示。

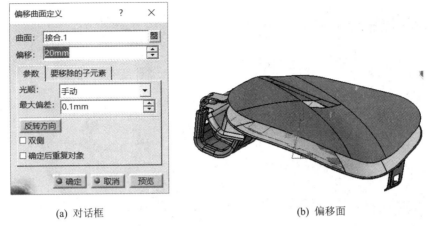

(a) 对话框　　　　　　　　　　(b) 偏移面

图 9-63　偏移曲面定义

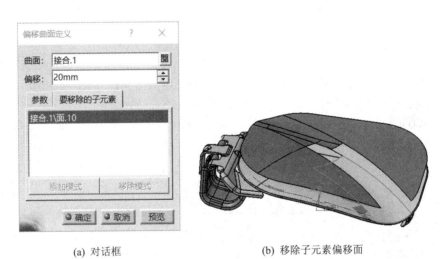

(a) 对话框　　　　　　　　(b) 移除子元素偏移面

图 9-64　移除子元素偏移面定义

9.3.6　可变偏移

单击 图标,弹出图 9-65(a)所示对话框,按对话框设置可生成图 9-65(b)所示偏移面。偏移曲面分为 4 个部分, 偏移子部分 1 向外侧偏移 9 mm, 偏移子部分 2 为过渡段偏移值需要设置成变量, 偏移子部分 3 向外侧偏移 5 mm, 偏移子部分 4 设置为变量。对话框中各文本框的含义为:

(1) "基曲面"文本框选择要偏移的面,该面选择要偏移曲面的整体组合。

(2) "反转方向"选项为更改曲面的偏移方向。

(3) "参数"选项为选择要偏移的子部分, 设定各部分的偏移值, 偏移值可设定为变量或常量,一般两个子部分之间的过渡需要设置成变量。

(4) "要移除的子元素"选项为如果偏移面是由多个面构成, 可通过该选项卡移除不需要偏移的曲面。

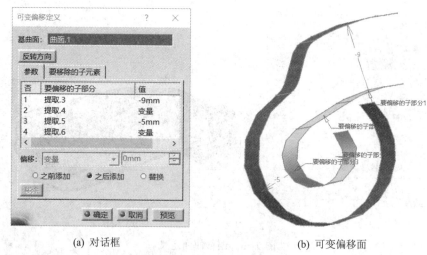

(a) 对话框   (b) 可变偏移面

图 9-65　可变偏移面定义

9.3.7　粗略偏移

单击 ![图标] 图标,弹出图 9-66(a)所示对话框,按对话框设置可生成图 9-66(b)所示偏移面。对话框中各文本框的含义为:

(1) "曲面"文本框选择要偏移的面,该面可为提前创建的已有平面,或在文本框中单击右键通过"提取""接合"等命令创建面。

(2) "偏移"选项为设定曲面偏移距离。

(3) "偏差"选项为设定曲面偏移过程的偏差值。

(4) "反转方向"选项为更改曲面的偏移方向,勾选"双侧"复选框后可在参考面两侧生成曲面。

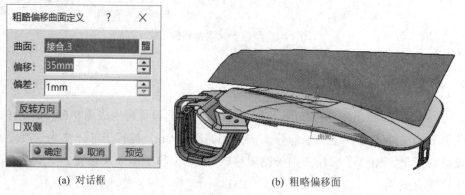

(a) 对话框   (b) 粗略偏移面

图 9-66　粗略偏移曲面定义

9.3.8　扫掠

将一条轮廓线沿着一条导引线扫掠形成的曲面就是扫掠曲面,CATIA 中通过扫掠曲面功能来实现。扫掠曲面功能是 CATIA 中比较复杂、重要、常用的功能。

单击 ![图标] 图标,弹出图 9-67 所示对话框,扫掠"轮廓类型"默认为显式。扫掠"轮廓类型"有显式、直线、圆、二次曲线四种类型。

图 9-67 "扫掠曲面定义"对话框

1. 显式扫掠

显式扫掠对话框各文本框介绍:

(1) "子类型"包括使用参考曲面、使用两条引导曲线、使用拔模方向三种类型。

(2) "轮廓"文本框选择扫掠轮廓线。

(3) "引导曲线"文本框选择轮廓扫掠时的引导线,引导线控制扫掠面外形的变化。

(4) "曲面"文本框选择参考面,该面控制轮廓曲线在扫掠过程中的位置,默认为脊线的平均平面,但该面必须包含引导曲线,引导曲线必须在该面上。该面可为默认面,也可创建平面或曲面作为参考面。此处注意,不能选择引导线的法面作为参考面。如果自定义参考面,"角度"文本框中需设定角度,该角度表示轮廓截面在扫掠过程中与参考面保持的角度。角度也可通过法则曲线定义。角度定义参考如图9-68所示,(a)图为0°,(b)图为20°。

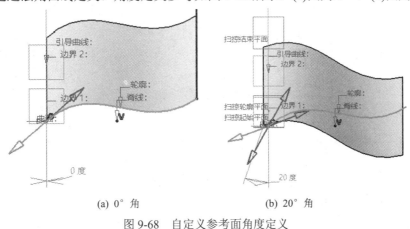

(a) 0°角   (b) 20°角

图 9-68 自定义参考面角度定义

（5）"脊线"是定义扫掠外形方向用的曲线，一般以引导线为默认值。脊线用来确定截面线的方向，扫掠曲面截面与脊线是垂直的。

（6）"边界 1""边界 2"分别设定扫掠面的起始位置和终止位置，扫掠的截止面和脊线垂直，如图 9-69 所示。

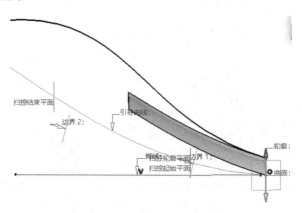

图 9-69　脊线、引导线和扫掠边界

（7）勾选"角度修正"复选框，可设定扫掠面与参考面的角度偏差范围。

（8）勾选"与引导线偏差"复选框，可设定扫掠面与引导线之间的距离误差。

（9）"定位参数"中的"定位轮廓"复选框通过单击显示参数，可手动设定轮廓和引导线之间的角度和偏移关系。

（10）"填充自交区域"对在扫掠过程中出现的自相交区域进行处理。

按图 9-70(a)对话框设置各参数，参考"曲面"选择 YZ 平面，法则曲线为 y=10×sin(10×PI×x×1rad)，设置脊线及扫掠边界，生成如图(c)所示扫掠曲面。

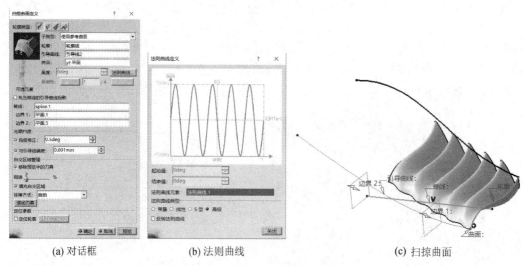

(a) 对话框　　　　　　(b) 法则曲线　　　　　　(c) 扫掠曲面

图 9-70　显式扫掠曲面创建

如果不设置法则曲线，参考曲面仍然选择 YZ 面，角度为 0°时，扫掠结果如图 9-71(a)所示；如果设定角度是 20°，扫掠结果如图 9-71(b)所示，扫掠曲面相对旋转 20°。

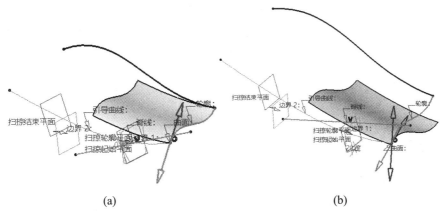

(a)　　　　　　　　　　　　　　　　　　　(b)

图 9-71　显式扫掠曲面创建(不设置法则曲线)

当显示扫掠"子类型"选择"使用两条引导曲线"时，如图 9-72(a)所示，"定位类型"可选择"两个点"或"点和方向"。"两个点"选项表示通过引导线上的两个点来定位截面曲线，"点和方向"选项表示通过第一条引导线上的一点和指定方向来定位截面曲线。按图 9-72(a)对话框设置各参数，可生成如图 9-72(b)所示曲面。

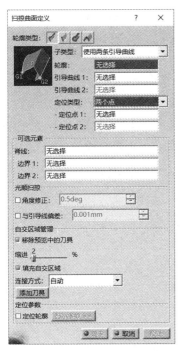

(a) 对话框　　　　　　　　　　　　　(b) 使用两条引导曲线生成扫掠面

图 9-72　两条引导曲线生成扫掠面定义

2. 直线扫掠

该功能主要利用线性方式扫描直纹面，用于构造扫描曲面的轮廓线为直线段。

直线扫掠子类型有两极限、极限和中间、使用参考曲面、使用参考曲线、使用切面、使用拔模方向和使用双切面。

1) 两极限

单击 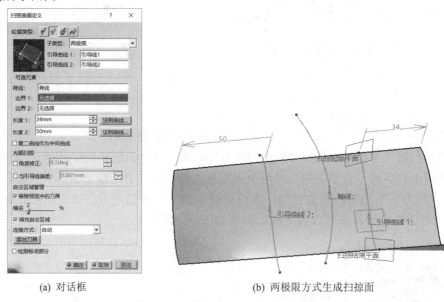 图标，"轮廓类型"选择直线，"子类型"选择"两极限"，对话框如图 9-73(a)
所示。对话框各文本框含义与显式扫掠类似，按照图 9-73(a)设置对话框各参数，生成如图
9-73(b)所示曲面。

(a) 对话框　　　　　　　　　　(b) 两极限方式生成扫掠面

图 9-73　两极限方式生成扫掠面定义

2) 极限和中间

单击 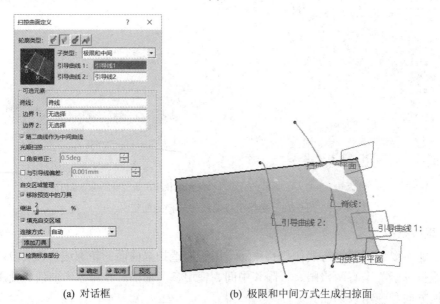 图标，"轮廓类型"选择直线，"子类型"选择"极限和中间"，对话框如图 9-74(a)
所示。对话框各文本框含义与显式扫掠类似，按照图 9-74(a)设置对话框各参数，勾选"第二
曲线作为中间曲线"复选框，生成如图 9-74(b)所示曲面，引导曲线 2 位于曲面中间位置。

(a) 对话框　　　　　　　　　　(b) 极限和中间方式生成扫掠面

图 9-74　极限和中间方式生成扫掠面定义

3) 使用参考曲面

单击 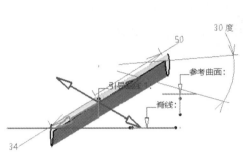 图标，"轮廓类型"选择直线，"子类型"选择"使用参考曲面"，如图 9-75(a)
所示。对话框各文本框含义与显式扫掠类似，按照图 9-75(a)设置对话框各参数，选择平面
4 作为参考曲面，扫掠截面与参考面间角度为 30°，生成如图 9-75(b)所示曲面。

(a) 对话框   (b) 使用参考曲面方式生成扫掠面

图 9-75 使用参考曲面方式生成扫掠面定义

4) 使用参考曲线

该方式是利用一条引导曲线及一条参考曲线创建扫描曲线，新建的曲面以引导曲线为
起点参考曲线向两边延伸。

单击 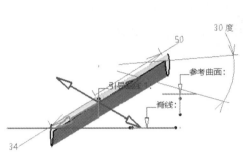 图标，"轮廓类型"选择直线，"子类型"选择"使用参考曲线"，如图 9-76(a)
所示。对话框各文本框含义与显式扫掠类似，按照图 9-76(a)设置对话框，"角扇形"区域有
4 种解法，可单击"上一个""下一个"按钮选择需要的解法，解法 1 如图 9-76(b)所示曲面。

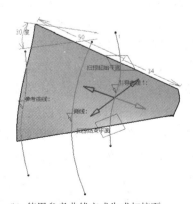

(a) 对话框   (b) 使用参考曲线方式生成扫掠面

图 9-76 使用参考曲线方式生成扫掠面定义

5) 使用切面

该方式以一条曲线当作扫描曲面的导引曲线, 新建扫描曲面以导引曲线为起点, 与参考曲面相切。使用脊线控制扫描面以决定新建曲面的前后宽度。

单击 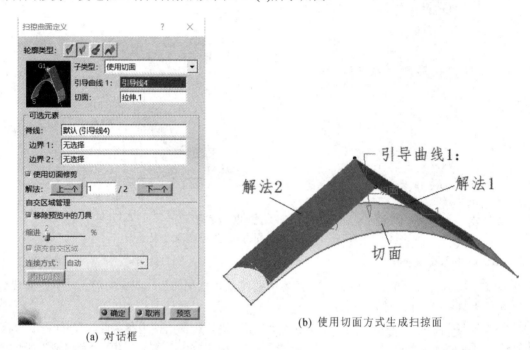 图标,"轮廓类型"选择直线,"子类型"选择"使用切面", 对话框如图 9-77(a) 所示。对话框各文本框含义与显式扫掠类似, 按照图 9-77(a)设置对话框各参数, 勾选"使用切面修剪"复选框, 有两种解法如图 9-77(b)所示曲面。

(a) 对话框　　　　　　　　　　(b) 使用切面方式生成扫掠面

图 9-77　使用切面方式生成扫掠面定义

6) 使用拔模方向

该方式可利用引导曲线和拔模方向创建扫描曲面, 新建曲面以拔模方向并在此方向上指定长度的直线为轮廓, 沿引导曲线扫描。

单击 图标,"轮廓类型"选择直线,"子类型"选择"使用拔模方向", 按图 9-78(a) 所示设置对话框各参数, 生成如图 9-78(b)所示曲面。

角度定义方式有 3 类: ① 全部定义, 整个引导线上都定义角度, 角度值为扫掠轮廓与选定的拔模方向之间的夹角; ② G1-常量可设置轮廓的偏置角度, 即轮廓与拔模方向的角度; ③ 位置值方式下可设定引导曲线上一些点的角度值。

长度类型分为 5 类: ① 从曲线, 扫描曲面从曲线开始; ② 标准, 长度是在扫描面上进行计算; ③ 从/到, 通过插入一个平面、曲面或点计算其长度; ④ 从极值, 长度由极限平面沿拔模方向上定义, L1 对应用于拔模方向的最大平面, L2 对应用于拔模方向上的最小平面; ⑤ 沿曲面, 该方式为计算出扫描曲面的扫描边, 该边曲线与引导线为欧几里得平行。

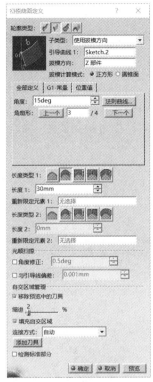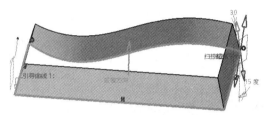

(a) 对话框　　　　　(b) 使用拔模方向方式生成扫掠面

图 9-78　使用拔模方向方式生成扫掠面定义

7) 使用双切面

该方式利用两相切曲面创建扫掠曲面，新建曲面与两曲面相切。

单击 图标，"轮廓类型"选择直线，"子类型"选择"使用双切面"，按图 9-79(a) 所示设置对话框，生成如图 9-79(b)所示曲面。

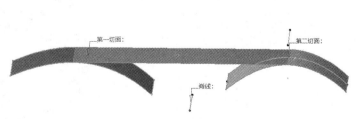

(a) 对话框　　　　　(b) 使用双切面方式生成扫掠面

图 9-79　使用双切面方式生成扫掠面定义

3. 圆形扫掠

该方法主要利用几个元素建立圆弧,再将圆弧作为引导线扫描出曲面。单击 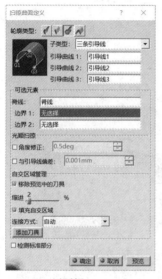 图标, "轮廓类型"选择圆。

1) 3 条引导线

该方式是利用 3 条引导线扫描出圆弧曲面,即在扫掠的每一个断面上的轮廓圆弧是 3 条引导线在该断面上的 3 点确定的圆。按图 9-80(a)所示设置对话框可得到如图 9-80(b)所示曲面。

(a) 对话框　　　　　　　　　　(b) 使用 3 条引导线方式生成扫掠面

图 9-80　使用 3 条引导线方式生成扫掠面定义

2) 2 条引导线与半径

该方式是利用两点与半径成圆的原理创建扫掠轮廓,再将该轮廓扫掠成圆弧曲面。按图 9-81(a)所示设置对话框可得到圆形扫掠的解有 6 种,如图 9-81(b)所示,可根据实际需要进行选择。

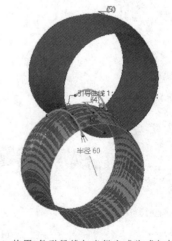

(a) 对话框　　　　　(b) 使用2条引导线与半径方式生成扫掠面

图 9-81　使用 2 条引导线与半径方式生成扫掠面定义

3) 中心和两个角度

该方式是利用中心线与参考曲线创建扫掠面，即利用圆心与圆上一点创建圆的原理创建扫描轮廓。按图 9-82(a)所示设置对话框，设定角度值即可改变扫掠面，得到图 9-82(b)所示圆形扫掠曲面。

(a) 对话框

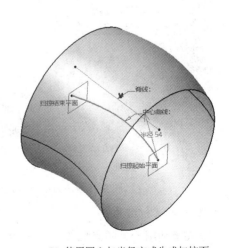

(b) 使用中心与两个角度方式生成扫掠面

图 9-82 使用中心与两个角度方式生成扫掠面定义

4) 圆心和半径

该方式是利用中心线与半径创建扫掠面。设定半径值可改变扫掠面，选择脊线与默认引导线作为脊线所得到扫掠形状不同，按图 9-83(a)所示设置对话框可得到图 9-83(b)所示圆形扫掠曲面。

(a) 对话框

(b) 使用圆心与半径方式生成扫掠面

图 9-83 使用圆心与半径方式生成扫掠面定义

5) 两条引导线和切面

该方式是利用两条引导线和切面创建扫掠面。按图 9-84(a)所示设置对话框有两种解法，如图 9-84(b)所示，解法 1 形成劣弧曲面，解法 2 形成优弧曲面。

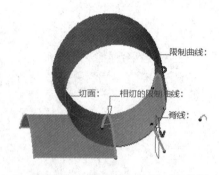

(a) 对话框　　　　　　(b) 使用两条引导线和切面方式生成扫掠面

图 9-84　使用两条引导线和切面方式生成扫掠面定义

6) 一条引导线和切面

该方式是利用一条引导线与一个相切面创建扫掠面，该扫掠面经过选定引导线，并与选定曲面相切。选定引导曲线和切面以后，如半径设置较大或较小都不能够生成曲面，按图 9-85(a)所示设置对话框，生成如图 9-85(b)所示曲面。

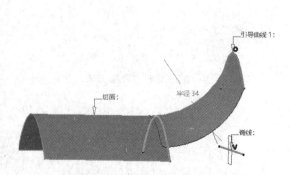

(a) 对话框　　　　　　(b) 使用一条引导线和切面方式生成扫掠面

图 9-85　使用一条引导线和切面方式生成扫掠面定义

7) 限制曲线和切面

该方式是利用一条限制曲线与一个相切面创建扫掠面，限制曲线位于切面上，该扫掠面经过选定限制线，并与选定曲面相切。选定限制曲线和切面以后，如半径设置较大或较小都不能够生成曲面。按图 9-86(a)所示设置对话框，生成曲面有两种解法，解法 1 和切面外弧面相切，解法2和切面内弧面相切，如图9-86(b)所示曲面。

 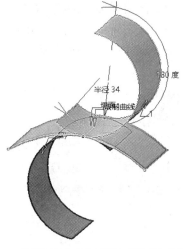

(a) 对话框　　　　　(b) 使用限制曲线和切面方式生成扫掠面

图9-86　使用限制曲线和切面方式生成扫掠面定义

4. 二次曲线扫掠

该方法提供4种方式创建二次曲线扫掠，利用约束创建圆锥曲线轮廓，然后沿指定方向延伸形成扫掠面。

单击 图标，"轮廓类型"选择二次曲线，"子类型"有"两条引导曲线""三条引导曲线""四条引导曲线""五条引导曲线"可选择。

1) 二条引导曲线

该方式是利用两条引导曲线创建二次曲线轮廓，每条引导曲线需要指定相切面及角度，角度反映新生成曲面与切面之间的夹角，引导线在切面上。两条引导曲线生成曲面的对话框设置如图9-87(a)所示，生成的曲面如图9-87(b)所示。

(a) 对话框　　　　　(b) 使用两条引导曲线方式生成扫掠面

图9-87　使用两条引导曲线方式生成扫掠面定义

2) 三条引导曲线

该方式是利用三条引导曲线创建二次曲线轮廓，引导曲线 1 及结束引导曲线需要指定相切面及角度，角度反映新生成曲面与切面之间的夹角，引导线在切面上。三条引导曲线生成曲面的对话框设置如图 9-88(a)所示，生成的曲面如图 9-88(b)所示。

(a) 对话框　　　　　　　　　　(b) 使用三条引导曲线方式生成扫掠面

图 9-88　使用三条引导曲线方式生成扫掠面定义

3) 四条引导曲线

该方式是利用四条引导曲线创建二次曲线轮廓，引导曲线 1 需要指定相切面及角度，角度反映新生成曲面与切面之间的夹角，引导线在切面上。四条引导曲线生成曲面的对话框设置如图 9-89(a)所示，生成的曲面如图 9-89(b)所示。

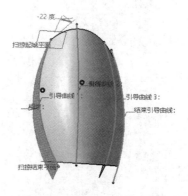

(a) 对话框　　　　　　　　　　(b) 使用四条引导曲线方式生成扫掠面

图 9-89　使用四条引导曲线方式生成扫掠面定义

4) 五条引导曲线

该方式是利用五条引导曲线创建二次曲线轮廓，五条引导线生成曲面的对话框设置如图 9-90(a)所示，生成的曲面如图 9-90(b)所示，改变脊线生成曲面的形状会随之改变。

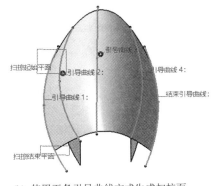

(a) 对话框   (b) 使用五条引导曲线方式生成扫掠面

图 9-90 使用五条引导曲线方式生成扫掠面定义

9.3.9 填充

在创建曲面时往往各曲面间会有空隙存在，填充功能可填充曲面间的空隙。单击 图标按图 9-91(a)所示设置对话框，要求填充面需形成封闭轮廓，生成如图 9-91(b)所示填充曲面。对话框中各文本框的含义：

(1) "边界"中选择填充曲面的轮廓，选取曲线或曲面的连线而形成一个封闭的边界线。

(2) "边界"下的"之后添加""替换""移除""之前添加""替换支持面""移除支持面"等按钮可以用于编辑选择的轮廓曲线。

(3) "穿越点"文本框，选择填充曲面必须经过的点，该文本框也可不选。

(4) 勾选"偏差"复选框可设定生成封闭曲面的偏差值。

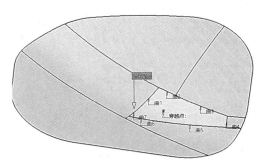

(a) 对话框   (b) 填充曲面

图 9-91 填充曲面定义

9.3.10　多截面曲面

多截面曲面是利用不同轮廓，以渐进的方式生成连接曲面。单击 图标弹出"多截面曲面定义"的对话框，如图 9-92 所示。对话框中上部区域进行截面、切向曲面、截面闭合点的选择、修改、移除等操作。对话框中下部区域可进行引导线、脊线的选择、替换、移除等操作，还可设定耦合方式、起始和终止截面限定等。下面对多截面曲面的创建进行介绍。

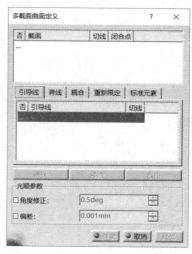

图 9-92　"多截面曲面定义"对话框

1. 使用切线

依次选取两条或两条以上的截面轮廓曲线，轮廓曲线必须点连续，可为起始和终止截面曲线指定切向曲面，对话框设置如图 9-93(a)所示，生成曲面如图 9-93(b)所示。也可不指定切线，在对话框中的"截面"处单击右键，可选择移除切线，如图 9-94(a)所示，不指定切线时生成曲面如图 9-94(b)所示。

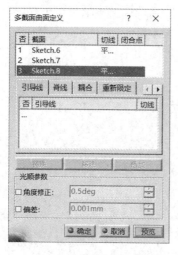

(a) 对话框

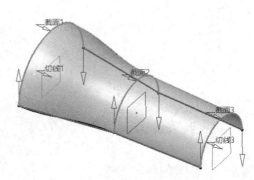

(b) 指定切线的多截面曲面

图 9-93　指定切线的多截面曲面定义

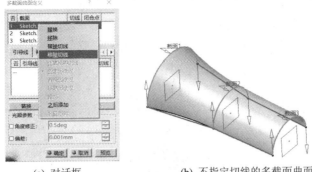

(a) 对话框　　　　　　　　(b) 不指定切线的多截面曲面

图 9-94　不指定切线的多截面曲面定义

2. 使用引导线

依次选择 3 条截面曲线不设置切线，图 9-95(a)未设置引导线，图 9-95(b)设置引导线，引导线可以是一条或多条，但必须与轮廓线相交。

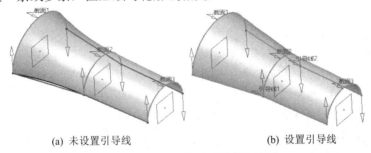

(a) 未设置引导线　　　　　　　　(b) 设置引导线

图 9-95　多截面曲面引导线的使用

3. 设置脊线

切换到"脊线"选项卡，如图 9-96 所示，可为多截面曲面设置脊线，若选择"计算所得脊线"复选框，则将自动以连接图形的顶点计算脊线，可通过替换、移除和添加按钮进行截面编辑。

图 9-96　脊线设置对话框

4. 使用闭合点

每个闭合轮廓曲线上都有一个闭合点，各截面的闭合点是直接连接的，且默认曲线闭合点为曲线上的极值点或顶点。各截面闭合点位置关系不合适时，生成的曲面将发生扭曲，如

图 9-97(a)所示。参考图 9-97(a)，在对话框中鼠标右键单击截面曲线名称，在弹出的对话框中选择替换参考点或创建闭合点，这里参考点处的方向需要一致，否则会产生扭曲变形现象，无法生成曲面，如图 9-97(b)所示。选择合适的参考点和正确的设置方向可生成光顺曲面，如图 9-97(c)所示。

(a) 参考点位置不正确   (b) 参考点方向不正确   (c) 参考点位置和方向正确

图 9-97   多截面曲线闭合点使用

5. 使用耦合

若选择两条比例不同的轮廓曲线，创建的扫掠曲面将不光顺，此时可通过创建耦合来修正。"截面耦合"下拉列表中有四种类型：

(1) 比率。依照轮廓曲线坐标的比例作连接，不需考虑两轮廓曲线的外形。

(2) 相切。依照轮廓曲线切线斜率的不连续点作为曲面的分割点，在该选项下，不同的轮廓曲线必须具有同样多的切线斜率不连续点方可使用。

(3) 相切然后曲率。以两轮廓切线斜率的不连续点为主，曲率不连续点为辅，不同轮廓曲线间必须具有同样多的曲率不连续点方可使用。

(4) 顶点。以两轮廓间的顶点作连接。

如图 9-98 所示，轮廓截面不连续点数量不同，如果不设置耦合，生成曲面如图 9-98(a)所示，软件会自动按照不连续点多的截面曲线创建曲面。为了增加生成曲面的光顺，选择"耦合"选项卡，根据实际选用比率耦合方式，并在"耦合"对话框中单击之，然后分别选择几个截面对应位置的不连续点，可生成耦合曲线，对话框如图 9-98(b)所示。生成比率耦合的多截面曲面如图 9-98(c)所示。

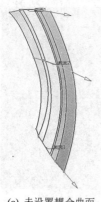  

(a) 未设置耦合曲面   (b) 耦合设置对话框   (c) 设置耦合曲面

图 9-98   多截面曲面耦合定义

6. 使用重新限定

"重新限定"选项卡下，有"重新限定起始截面"及"重新限定终止截面"两个复选框。如图9-99(a)所示设置对话框，因为"重新限定"选项卡下勾选了"重新限定终止截面"复选框，曲面按照截面曲线位置生成，如图9-99(b)所示。如果取消勾选"重新限定终止截面"对话框，则曲面会按照引导曲线生成，对话框设置如图 9-100(a)，生成的曲面如图9-100(b)。

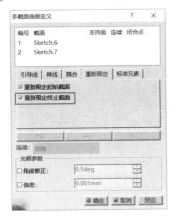

(a) 对话框

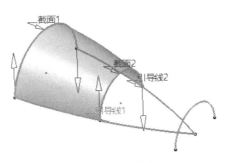

(b) 限定最终截面

图 9-99 限定最终截面的多截面曲面定义

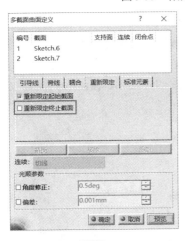

(a) 对话框

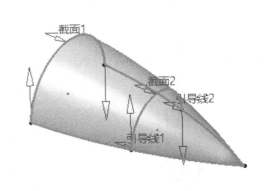

(b) 不限定最终截面

图 9-100 不限定最终截面的多截面曲面定义

7. 使用标准元素

在"标准元素"选项卡下勾选"检测标准部分"复选框，软件将检测多截面曲面中的平面作为进一步作图的参考。

9.3.11 桥接

桥接曲面用于连接两个独立的曲面或曲线，可利用曲线的边线自由混成，并可限定桥接曲面点连续、相切连续、曲率连续等连续方式。

单击 图标，弹出如图 9-101(a)所示对话框，生成曲面时，需要选择"第一曲线""第一曲线支持面""第二曲线""第二曲线支持面"。设定"基本""张度""闭合点""耦合/脊线"等选项卡可调整完善生成曲面，下面对几个选项卡设定进行说明。

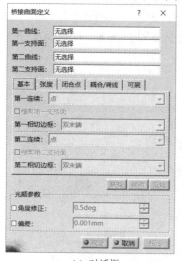

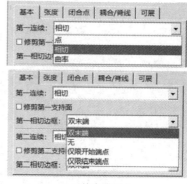

(a) 对话框　　　　　　　　　　　(b) 基本选项卡

图 9-101　桥接曲面对话框

1. "基本"选项卡

"基本"选项卡下，"第一连续"文本框、"第二连续"文本框可设定"点"连续、"相切"连续及"曲率"连续。"第一连续"文本框分别设定"点"连续、"相切"连续、"曲率"连续三种方式，"第二连续"处设定为"相切"连续不变，"第一相切边框""第二相切边框"文本框设定为"双末端"，曲面结果分别如图 9-102(a)、(b)、(c)所示，从图中看出该例中点连续生成曲面与后两者区别明显。

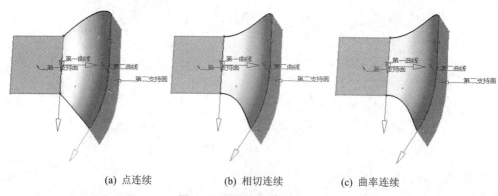

(a) 点连续　　　　　　　(b) 相切连续　　　　　　　(c) 曲率连续

图 9-102　桥接曲面基本定义

在"第一相切边框""第二相切边框"文本框限下可设定切线连续的有效区域有：

(1) 双末端：包含曲线的全部区域。

(2) 无：忽略相切连续。

(3) 仅限开始端点：仅在曲线的起始端有效。

(4) 仅限结束端点：仅在曲线的终端有效。

此处曲线的起始端和终端由预览时的箭头指向可以看出，如图 9-102 所示。

2. "张度"选项卡

"张度"选项卡如图 9-103(a)所示，可设定桥接曲面的"第一张度"和"第二张度"。张度的形式有常量、线性和 S 形三种方式，按照如图 9-103(a)所示设置对话框，可生成如图 9-103(b)所示曲面。

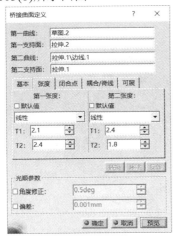

(a) 对话框

(b) 修改张度后桥接曲面

图 9-103　桥接曲面张度定义

3. "闭合点"选项卡

创建两曲线间的混合时，类似于多截面曲面，当闭合点位置和方向不正确时无法正确生成曲面，或生成的曲面扭曲严重。按图 9-104(a)所示设置对话框，闭合点 1 默认为草图.5(矩形截面线)的顶点.1，闭合点 2 默认为草图 4(圆形截面线)的端点.2，圆形截面线与矩形截面线的闭合点位置不对，可生成图 9-104(b)所示扭曲严重的桥接曲面；调整圆形截面闭合点位置后，可生成如图 9-104(c)所示的桥接曲面。

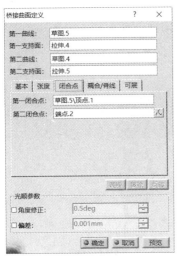
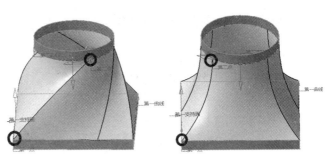

(a) 对话框　　　　(b) 闭合点编辑前　　　　(c) 闭合点编辑后

图 9-104　桥接曲面闭合点定义

4."耦合/脊线"选项卡

针对图 9-105(b)所示情况,也可通过"耦合/脊线"选项卡设定圆形截面与矩形截面之间的连接点耦合,调整曲面形状。对话框设置如图 9-105(a)所示,耦合方式有比率、相切、相切然后曲率、顶点、脊线、避免自交等几种,此处选择"比率"。生成桥接曲面如图 9-105(b)所示。

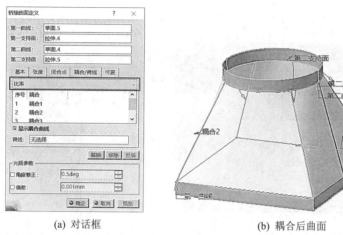

(a) 对话框　　　　　　　　　　(b) 耦合后曲面

图 9-105　桥接曲面耦合定义

9.3.12　适应性扫掠

该功能用于生成自适应扫描曲面,其原理为利用沿着引导曲线约束下的隐性轮廓生成扫描曲面。适应性扫掠又可理解为变截面扫掠,可选择不同的截面给定不同的扫掠约束来完成扫掠面的创建,也可通过前面建立的扫掠曲面的法则曲线来实现变截面扫掠。

单击 图标,弹出对话框按如图 9-106(a)所示设置,生成如图 9-106(b)所示曲面。草图.1 为长度 400 mm 的直线,草图.2 为长半轴 60 mm、短半轴 40 mm 的椭圆,利用"点面复制"命令在直线上创建了 5 个等参数点,分别对应用户截面 2、3、4、5、6,默认截面轮廓与草图.2(第一截面)相同,可通过"参数"选项卡修改对应截面参数,图 9-106(b)所示曲面分别修改了用户截面 3、5、6 的截面。

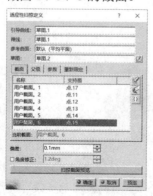

(a) 对话框　　　　　　　　(b) 适应性扫掠曲面

图 9-106　适应性扫掠曲面定义

"参数"设置对话框如图9-107所示,可编辑截面曲线椭圆的长轴和短轴数值。

图9-107 "参数"编辑对话框

引导曲线、脊线等通过其他命令创建,在父级选项卡下可看到对应关系。引导线曲线1采用"混合"命令创建,脊线采用"旋转"命令创建,如图9-108所示。对话框按照图9-108(a)设置,单击"扫掠截面预览"后结果如图9-108(b)所示。

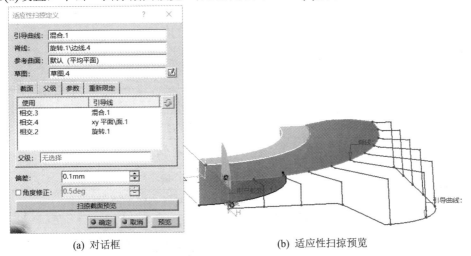

(a) 对话框   (b) 适应性扫掠预览

图9-108 适应性扫掠曲面预览

9.4 曲 面 操 作

CATIA除了具备创建线架构和曲面的功能外,还具备强大的曲面修改功能,所以本节将介绍曲面曲线的修补、分割与修剪和曲面倒角等功能,位置变换与实体变换操作基本相同。CATIA操作工具条如图9-109所示,各工具的功能简介如表9-2所示。

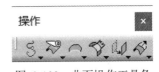

图9-109 曲面操作工具条

表9-2 曲面操作命令简表

名 称		图标	功 能 简 介
曲面修补及 曲线光顺	结合		将几个几何图形元素合并成一个新的对象
	修复		可修补曲面间的微小间隙
	取消修剪		将经分割操作的几何元素恢复到原状态
	拆解		将原先合并在一起的几何元素拆解
	曲线光顺		改变曲线的平滑程度

续表

名　　称		图标	功　能　简　介
分割与修剪	分割		通过线、曲面分割曲面及曲线元素，也可通过点分割曲线
	修剪		修剪两个曲面或曲线元素
边线与实体表面提取	边界		提取曲面边界
	提取		提取图形的基本几何元素，如曲面、曲线、点等
	多重提取		同时提取几何图形的不同几何元素
曲面圆角	简单圆角		对两个曲面进行倒角
	倒圆角		对曲面的棱边进行倒角
	可变圆角		对曲面棱边进行变半径倒角
	弦圆角		指定圆角弦长的圆角
	样式圆角		创建不同样式的圆角
	面与面圆角		对同一曲面上的两个面的倒角
	三切线内圆角		在三个曲面内进行倒角
转换	平移		沿某一方向平移曲面到新位置
	旋转		绕某一轴线旋转移动曲面到新位置
	对称		对称移动曲面到关于基准面对称的位置
	缩放		按比例放大或缩小几何特征
	仿射		自行建立一个坐标系统，并可对曲面沿着该坐标系统下的 X、Y、Z 轴方向进行不等比例的缩放
	定位变换		将几何图形的位置从一个坐标系统转换到另一个坐标系统下
外插延伸	外插延伸		以曲面边界外延形成曲面
	反转方向		改变曲线和曲面的作用方向
	近接		选取距离所选元素最近的实体

9.4.1　曲面修补及曲线光顺

1. 接合

该功能是将两个以上曲面或曲线合并成一个曲面或曲线。单击 ▦ 图标弹出对话框，按图 9-110(a)设置，在"要接合的元素"文本框中输入要合并的曲线或曲面，确定后生成新的曲线或曲面，如图 9-110(b)所示。对话框中各文本框的含义：

(1) "要接合的元素"文本框中输入要合并的元素。它有三种模式：标准模式为选取元素时若列表中已有该元素则移除该元素，若列表中没有该元素，则添加该元素，添加模式为只能往列表中添加元素，移除模式为只能从列表中移除该元素。使用"添加模式"和"移除模式"按钮选取一个元素后，按钮会自动弹起，双击该按钮可一直保持该选项，直到选择另一个选项或者再单击该选项，选项不再继续保持。

(2)　"参数"选项卡下"检查连接性"复选框：检查输入元素的连接性，如果合并元素不是连接的，检查时会产生错误警告。

(3)　"参数"选项卡下"检查相切"复选框：检查输入元素是否相切，若不相切，则会弹出错误信息对话框。

(4)　"参数"选项卡下"检查多样性"复选框：检查合并是否生成多个结果，该选项只在合并曲线时才可以被使用。

(5)　"简化结果"复选框将使程序在可能的情况下减少元素(面或棱边)的数量。

(6)　"忽略错误元素"复选框将使软件忽略那些不允许合并的元素。

(7)　"合并距离"用于设置两个元素合并时所能允许的最大距离。

(8)　"角阈值"用于设置两个元素合并时所能允许的最大角度。

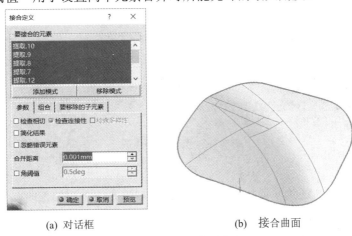

(a)　对话框　　　　　　　　(b)　接合曲面

图 9-110　接合曲面定义

2. 修复

该功能可修复曲面间的小间隙。单击 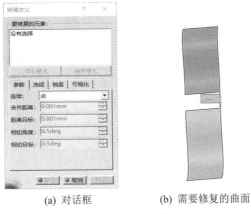 图标，弹出"修复定义"对话框，如图 9-111(a)所示，需要修复的曲面如图 9-111(b)所示。

(a)　对话框　　　　　　(b)　需要修复的曲面

图 9-111　修复曲面

"修复定义"对话框中,各文本框中的含义:

(1) "要修复元素"文本框与"结合"里的"要结合元素"文本框相同。

(2) "参数"选项卡下,"连续"文本框可选择"点"连续或"切线"连续;"合并距离"文本框可根据要修复曲面间的间隙来设定,图 9-112(b)所示曲面间隙为 20 mm,要修复该曲面,合并距离需要大于 20 mm;"距离目标"可以设定修复元素间的最大距离,默认值为 0.001 mm,可适当设置为较大值。如果连续方式为切线连续时,可设定"相切角度"和"相切目标"。

(3) "冻结"选项卡可选择冻结元素,被冻结的元素将不被修复操作影响。

(4) "锐度"选项卡可在其中选择保持尖锐的边线,即不受修复操作的影响。

(5) "可视化"选项卡方便用户更好地理解模型中的非连续及修复结果。

按图 9-112(a)所示设置对话框,生成如图 9-112(b)所示修复后的曲面。

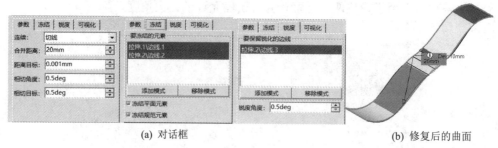

(a) 对话框　　　　　　　　　　　　　　　　(b) 修复后的曲面

图 9-112　修复曲面生成

3. 曲线光顺

该工具可以改变曲线的平滑程度,如填补微小缺口、改善相切或曲率平滑程度。

单击 $\mathcal{S}$ 图标,弹出"曲线光顺定义"对话框,在"要光顺的曲线"文本框中选择需要光顺的曲线,如图 9-113(a)所示,在被选择曲线上会显示出不连续位置及不连续的类型,如图 9-113(b)所示。

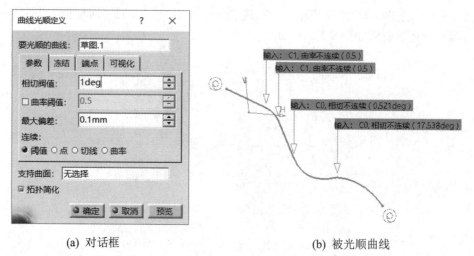

(a) 对话框　　　　　　　　　　　　　　(b) 被光顺曲线

图 9-113　曲线光顺

　　按图 9-114(a)设置对话框后，单击"预览"按钮，结果如图 9-114(b)所示。在曲线上有三种不同颜色的提示：红色表示按照对话框设置的值，此处无法达到光顺；黄色表示不连续性有所改进，由相切不连续变成了曲率不连续；绿色表示消除了不连续的情况。

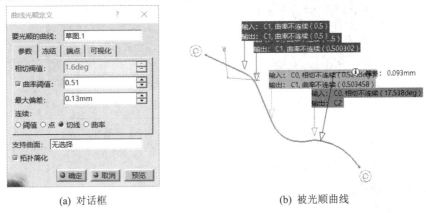

(a) 对话框　　　　　　　　　　　　(b) 被光顺曲线

图 9-114　曲线光顺设置及结果

4. 取消修剪

　　该工具可将分割操作的几何元素重新恢复到原始状态。单击 图标，弹出"取消修剪"对话框，如图 9-115(a)所示，选择要取消修剪的曲面，单击"确定"，曲面恢复到原始状态。如图 9-115(b)所示为被修剪的曲面，图 9-115(c)为恢复后的曲面。

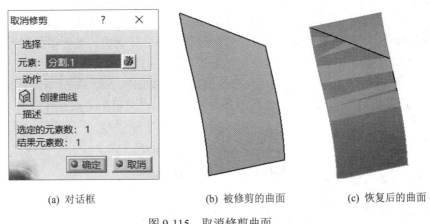

(a) 对话框　　　　　　　(b) 被修剪的曲面　　　　　　(c) 恢复后的曲面

图 9-115　取消修剪曲面

5. 拆解

　　拆解的功能是把原先合并在一起的几何元素进行拆解，它是接合的反功能。

　　单击 图标，选择需要拆解的曲面，弹出"拆解"对话框，如图 9-116 所示。有两种方式供选择：

　　(1) 所有单元是将原有的接合对象完全拆开至最小组件，如图 9-116(a)所示。

　　(2) 仅限域是将原有的合并对象按边界拆开，即有相同边界的仍然保持一体，如图 9-116(b)所示。

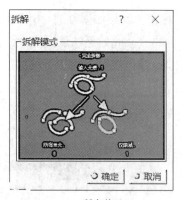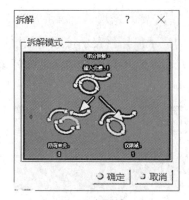

(a) 所有单元　　　　　　　　　　　　(b) 仅限域

图 9-116　拆解曲面

9.4.2　分割与修剪

该工具可对已创建的几何图形元素进行分割和修剪。

1. 分割

该工具是用来分割曲线或曲面。单击 图标，弹出"分割定义"对话框，如图 9-117 所示，对话框中各文本框的含义：

(1) "要切除的元素"文本框中选择要被分割的元素，可通过 图标选择多个被分割的元素。

(2) "切除元素"文本框中，选择分割曲面、曲线或点，"移除""替换"按钮可对切除元素进行操作。"另一侧"按钮可根据分割预览结果进行调整，选择被分割元素保留侧。

(3) "可选参数"下的"保留双侧"复选框勾选后可同时保留被分割元素在分割元素的两侧元素；"相交计算"复选框被选中后，分割结果会生成分割元素与被分割元素的相交结果。

(4) "隐藏参数"选项卡下的选项一般是默认的，也可根据需要进行设置。

图 9-117　"分割定义"对话框

分割可分为以下两种类型:

(1) 曲线被点、曲线或曲面分割。分别用点和曲面切割曲线,得到的结果如图 9-118 所示,图中标出了删除侧,也可以通过勾选"保留双侧"或单击"另一侧"按钮更改分割结果。

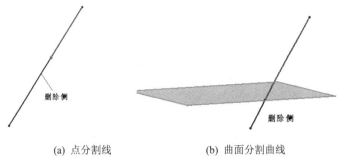

(a) 点分割线   (b) 曲面分割曲线

图 9-118 曲线被点和曲面分割

(2) 曲面被曲线或曲面分割。用两个较窄曲面切割一个较宽曲面,按图 9-119(a)所示设置对话框,生成结果如图 9-119(b)所示。因为切割曲面较窄,必须勾选"自动外插延伸"复选框,否则无法分割曲面。曲线切割曲面的操作与曲面切割曲线的操作类似。

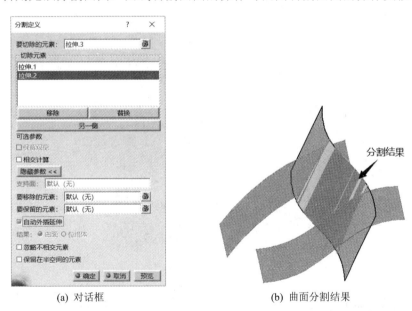

(a) 对话框   (b) 曲面分割结果

图 9-119 曲面分割曲面

2. 修剪

该工具可以修剪两个曲面或两条曲线,单击 ![icon] 图标,弹出如图 9-120(a)所示对话框,各文本框含义与"分割"命令类似。修剪元素之间是相互修剪,可以通过单击"另一侧/下一元素"或"另一侧/上一元素"按钮改变需要保留的部分,也可通过单击修剪曲面的不同部位确定修剪后要保留的图形,按照图 9-120(a)所示设置对话框,结果如图 9-120(c)所示。

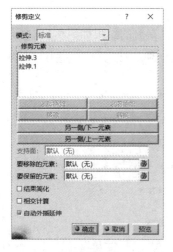

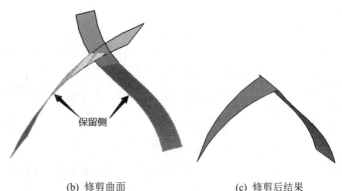

(a) 对话框   (b) 修剪曲面   (c) 修剪后结果

图 9-120   修剪曲面定义

用线架构元素(包括直线、曲线和草图等)进行修剪时，可以使用支撑面来定义修剪后的剩余部分。要保留的部分为支撑面的法线向量与修剪元素切向方向的向量积的所在方向。修剪封闭元素时，推荐采用该方法。两个草图中一个草图是两条曲线，另一个草图是一个封闭圆，其中一条直线与圆相交，另一条直线与圆不相交，如图 9-121 所示。用相交直线修剪圆时有两种情况：一种是默认支撑面，修剪结果如图 9-122(a)所示；另一种是选择曲线所在的面作为支撑面，修剪结果如图 9-122(b)所示。

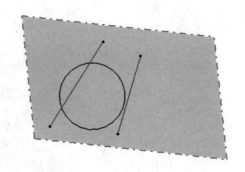

图 9-121   曲线修剪

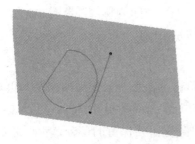

(a) 默认支撑面时修剪结果   (b) 使用曲线所在面作为支撑面修剪结果

图 9-122   曲线修剪结果

9.4.3　提 取

该部分包含边界、提取、多重提取三个工具。

1. 边界

边界工具可将曲面的边界单独一次性提取出来，单击  图标，弹出如图 9-123(a)所示对话框。"拓展类型"一共有四种，分别为"完整边界""点连续""切线连续""无拓展"，如图 9-123(b)所示。"曲面边线"文本框中选择要提取的曲线或曲面，"限制 1"及"限制 2"文本框用于重新定义曲线的起点和终点，选择点必须是两曲线的交点。

(a) 对话框　　　　　　　　　　(b) 边线拓展类型

图 9-123　边界定义

分别选择不同的拓展类型提取曲面边界，结果如图 9-124 所示。图 9-124(a)为点连续，此类型重新限定了起始位置和终止位置；图 9-124(b)为无拓展，只提取了选择的圆弧线边界；图 9-124(c)为切线连续，与圆弧相切的曲线都被选中；图 9-124(d)为完整边界，选择时直接单击曲面即可。

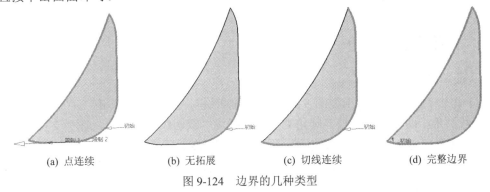

(a) 点连续　　　　　(b) 无拓展　　　　　(c) 切线连续　　　　　(d) 完整边界

图 9-124　边界的几种类型

2. 提取

该工具可将图形的基本几何元素，如曲面、曲线、点等提取出来。当生成的元素是由几个不连接的子元素组成时，这个功能很适用。因为可从这些子元素中提取元素，而不必删除原来的元素。

单击 图标，弹出如图 9-125(a)所示对话框，"拓展类型"有四种，和边界提取相同，此处选择"无拓展"。从实体表面选择四个表面如图 9-125(b)所示，提取结果如图 9-125(c)所示。四个曲面之间是相互独立的。

(a) 对话框	(b) 提取表面	(c) 提取结果

图 9-125　提取工具使用

3. 多重提取

该工具与"提取"命令类似，可将图形的基本几何元素，如曲面、曲线、点等提取出来。单击 图标，弹出对话框，设置方式与"提取"命令相同，对话框如图 9-126(a)所示，提取实体四个表面如图 9-126(b)所示，提取结果如图 9-126(c)所示。与"提取"命令的不同在于此处得到的提取结果为一个整体。

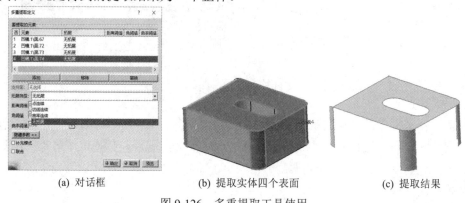

(a) 对话框	(b) 提取实体四个表面	(c) 提取结果

图 9-126　多重提取工具使用

9.4.4　曲面圆角

1. 简单圆角

(1) 单击 图标，弹出如图 9-127(a)所示对话框，"圆角类型"有"双切线圆角"和"三切线圆角"两种类型。当"圆角类型"选择为"双切线圆角"时，在"支持面 1"和"支持面 2"选择要倒角的两个曲面，可选择半径和弦长两种定义圆角大小的方式，此处选择"半径"为 20 mm。生成圆角如图 9-127(b)所示。

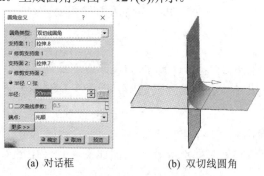

(a) 对话框	(b) 双切线圆角

图 9-127　双切线圆角生成

（2）单击 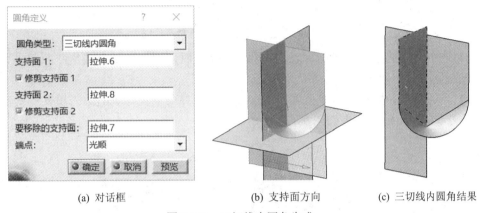 图标，弹出"圆角定义"对话框，按图 9-128(a)所示设置，"圆角类型"选择"三切线内圆角"，"端点"选择"光顺"，支持面方向如图 9-128(b)中箭头所示，生成曲面如图 9-128(c)所示。默认情况下"修剪支持面 1"和"修剪支持面 2"的复选框都处于选中状态，如果不选中的话，将不会剪掉支持面。端点类型除了光顺外还有直线、最大值、最小值三种类型：光顺形式使倒角曲面和支持面相切，从而使两个被倒角的曲面之间实现平滑过渡；直线形式取消了倒角曲面和支持面相切的限制，有时会在被倒角的曲面之间产生尖角；最大值形式将使倒角曲面沿着支持面的最长边界展开；最小值形式将使倒角曲面沿着支持面的最短边界展开。

(a) 对话框　　　　　(b) 支持面方向　　　　(c) 三切线内圆角结果

图 9-128　三切线内圆角生成

2. 倒圆角

倒圆角是对曲面的棱边进行倒角。单击 图标，弹出如图 9-129 所示对话框。对话框中各文本框的使用如下：

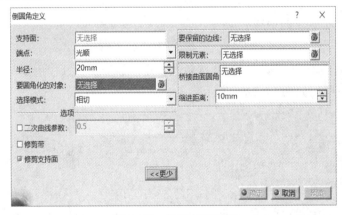

图 9-129　倒圆角对话框

（1）"端点"文本框可选择"光顺""直线""最大值"和"最小值"四种类型之一，每一种类型的含义与简单圆角相同。

（2）"要圆角化的对象"选择需要圆角化的曲面边线。

（3）"选择模式"对应文本框可选择"相切""最小""相交"三种形式，如图 9-130(a)是相切模式，图 9-130(b)为最小模式。

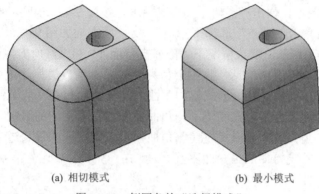

(a) 相切模式　　　　　　　　　(b) 最小模式

图 9-130　倒圆角的"选择模式"

(4) 选中"修剪带"复选框，表示当两圆角相交时，用其中一个圆角曲面切去另外一个圆角曲面。

(5) 当圆角半径影响其他未倒圆角的边线时，选择将不受影响的边线填入"要保留的边线"文本框中，倒角结果如图 9-131 所示。

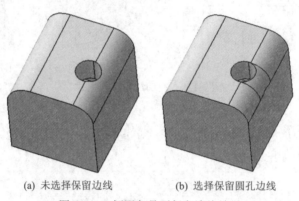

(a) 未选择保留边线　　　　　　　(b) 选择保留圆孔边线

图 9-131　倒圆角是否保留边线结果

(6) 设置圆角的限制元素可以控制圆角的长度，如图 9-132(a)所示。选择"平面.1"为"限制元素"，倒圆角如图 9-132(b)所示。

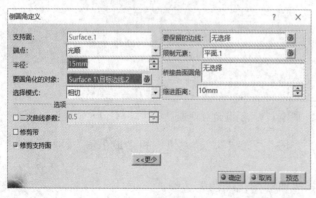

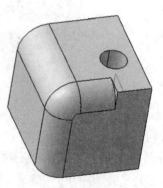

(a) 对话框　　　　　　　　　　　　　(b) 倒圆角

图 9-132　添加限制元素的倒圆角

(7) 如果多个边线的圆角相互交汇，为了使圆角更加美观，可使用"桥接曲面圆角"命令，如图 9-133 所示。此处要注意，倒圆角的大小及桥接曲面缩进距离设置的大小如果不合理，均无法正确生成桥接曲面圆角。

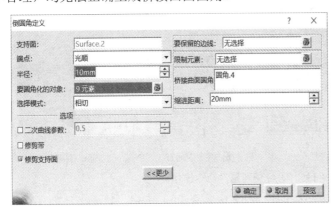
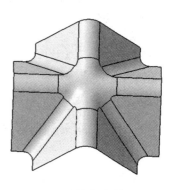

(a) 对话框　　　　　　　　　　　　　　　　(b) 桥接曲面圆角

图 9-133　"桥接曲面圆角"命令的使用

3. 可变圆角

该工具可以对边进行变半径倒角，边上的不同点可以有不同的倒角半径。单击 图标，弹出如图 9-134 所示对话框。与图 9-133 对比，主要的不同之处在于增加了对于要倒圆角边线的控制。如图 9-134 中的框选区域，通过在边线上设置点将边线分段，以设置不同的圆角半径，不同边线段圆角半径之间的过渡形式有立方体和线性两种方式。

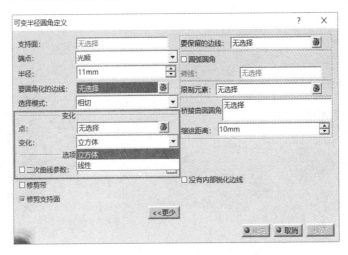

图 9-134　"可变半径圆角定义"对话框

选择完要圆角化的边线后，一般点只有边线、首尾两个点，要倒可变圆角需将边线分段。单击"点"文本框后面的 图标，弹出"指向元素"对话框，在"指向元素"对话框空白区域单击鼠标右键，选择"创建点"或"创建中点"在倒圆角边线上创建点，将边线分段，然后在"半径"对话框中设置对应边线段的圆角直径，如图 9-135(a)、(b)所示。

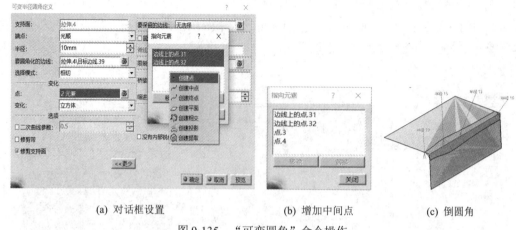

(a) 对话框设置　　　　　　　(b) 增加中间点　　　　　　　(c) 倒圆角

图 9-135　"可变圆角"命令操作

在边线上设置两个中间点，半径分别设置为 15 mm 和 13 mm，其余半径为 10 mm，生成的曲面圆角如图 9-135(c)所示。

如图 9-134 所示，有一个"圆弧圆角"复选框，若勾选则可设置脊线，圆角变化按照该引导线进行。

4. 弦圆角

弦圆角类似于可变圆角，弦圆角对话框如图 9-136(a)所示，可定义可变弦长圆角。选择圆角边线后增加两个中间点分别设定弦长为 15 mm 和 21 mm，其余弦长为 13 mm，生成的弦圆角如图 9-136(b)所示。

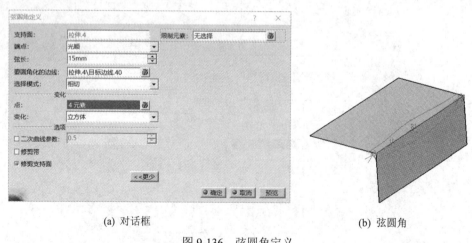

(a) 对话框　　　　　　　　　　　　　　　(b) 弦圆角

图 9-136　弦圆角定义

5. 三切线圆角

该工具可在 3 个曲面内进行倒圆角。由于在 3 个曲面内倒角，其中一个曲面就会被删除。倒角半径由系统自动计算，通常所选择的另外 2 个曲面的长度要尽量大。单击 图标弹出"三切线圆角"对话框，按图 9-137(a)设置各参数；再按照图 9-137(b)所示选择曲面，生成的倒圆角如图 9-137(c)所示。

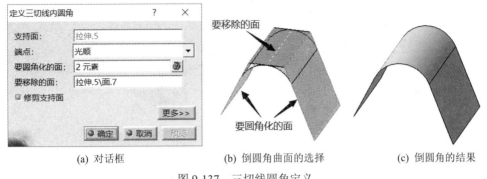

(a) 对话框　　　　(b) 倒圆角曲面的选择　　　　(c) 倒圆角的结果

图 9-137　三切线圆角定义

6. 面与面圆角

该工具可创建同一曲面上两个面之间的倒角。单击 图标弹出图 9-138(a)所示对话框，"端点"文本框选项包括"光顺""直""最大值""最小值"四种，与前述圆角相同，此处选择"光顺"。"要圆角化的面"选择两个圆锥曲面，半径设置为 35 mm，生成的面与面圆角如图 9-138(b)所示。

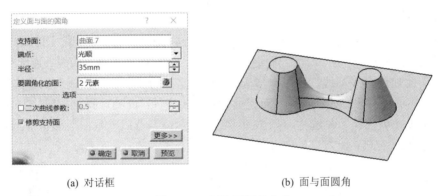

(a) 对话框　　　　　　　　(b) 面与面圆角

图 9-138　面与面圆角定义

另外，还可以不通过输入倒角半径来控制圆角大小，而是通过保持曲线来控制倒角大小，保持脊线来控制倒角形状。对话框设置及倒圆角前、后曲面如图 9-139 所示。

(a) 对话框设置

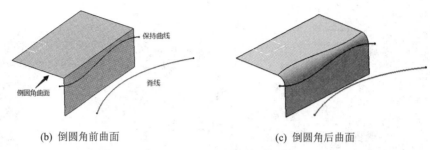

(b) 倒圆角前曲面   (c) 倒圆角后曲面

图 9-139   利用保持曲线创建曲面圆角

9.4.5   外推

外推工具条包含外插延伸、反转方向、近接三个工具，如图 9-140 所示。

9-140   外推工具条

1. 外插延伸

外插延伸工具可以让几何元素由其原有边线向外延伸。单击 图标，弹出如图
9-141(a)所示对话框，外延"长度"设定为 10 mm。"连续"方式有"切线"连续和"曲率"
连续两种，此处选择"切线"连续。"端点"可设定"切线"和"法线"两种方式，针对
外延边线"拓展模式"有相切连续、点连续、无拓展三种，此处选择无拓展。生成曲面时，
不勾选"常量距离优化"复选框，如图 9-141(a)所示；勾选后外延曲面形状得到改变，如
图 9-141(c)所示。

 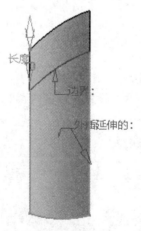 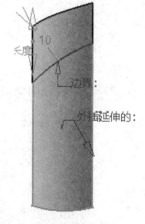

(a) 对话框   (b) 不勾选常量距离优化   (c) 勾选常量距离优化

图 9-141   外插延伸曲面定义

2. 反转方向

反转方向工具用于改变曲面和曲线的作用方向。单击 图标，弹出如图 9-142(a)对话
框，选择要反转的曲面，单击"单击反转"按钮可改变曲面的作用方向，如图 9-142(b)所示。

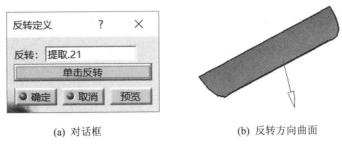

(a) 对话框　　　　　　　　(b) 反转方向曲面

图 9-142　反转方向

3. 近接

近接工具用于当运算结果有多个解时，可以选择一个元素作为参考，系统将保留离参考最小距离最近的解。单击 图标，弹出如图 9-143(a)所示对话框，点选"近接"选项，"多重元素"选择图 9-143(b)中所示多段元素，"参考元素"选择图 9-143(b)中的参考元素，生成近接结果如图 9-143(c)所示，系统保留距离参考元素最近的元素。如果在图 9-143(a)中勾选"远"选项，则会保留多段元素中离参考元素较远的元素，如图 9-143(d)所示。

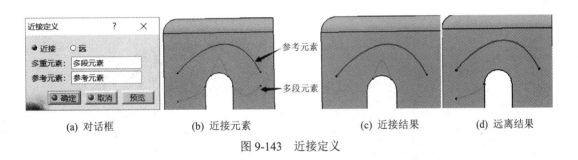

(a) 对话框　　　　(b) 近接元素　　　　(c) 近接结果　　　　(d) 远离结果

图 9-143　近接定义

9.5　曲面实例

前几节对创成式曲面设计的基本命令操作做了介绍，本节以一个简单例子介绍曲面命令的应用。实例为图 9-144 所示的鼠标 A 壳曲面。

图 9-144　鼠标 A 壳曲面

曲面创建的步骤如下：

(1) 运行软件，选择开始→形状→创成式曲面设计，进入创成式工作台。

(2) 以 ZX 平面为草图平面、偏移 YZ 平面 28 mm 创建草图 1，如图 9-145(a)所示，以平面 1 为草图平面创建草图 2，如图 9-145(b)所示。

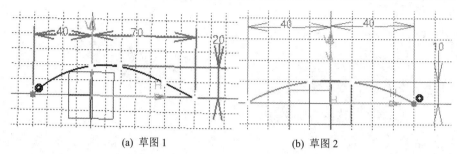

(a) 草图 1　　　　　　　　　　　　(b) 草图 2

图 9-145　草图 1、草图 2 的创建

(3) 利用扫掠工具，选择显式扫掠，"轮廓"用草图.2，"引导曲线"选择草图.1，其余均为默认设置，如图 9-146(a)所示，生成的扫掠曲面如图 9-146(b)所示。

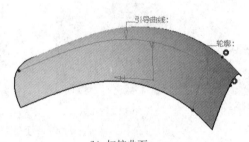

(a) 对话框　　　　　　　　　　　　(b) 扫掠曲面

图 9-146　扫掠曲面设置及生成结果

(4) 以 XY 平面为草图平面绘制草图 3，如图 9-147(a)所示，完成后退出草图。然后选择"拉伸曲面"命令，"轮廓"选择所绘制草图.4，各参数设置如图 9-147(b)所示，生成的拉伸曲面如图 9-147(c)所示。选择 ZX 平面为对称面，创建拉伸.1 曲面的对称曲面，如图 9-147(d)所示。

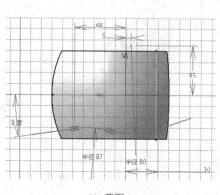

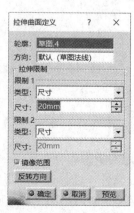

(a) 草图 3　　　　　　　　　　　　(b) "拉伸曲面定义"对话框

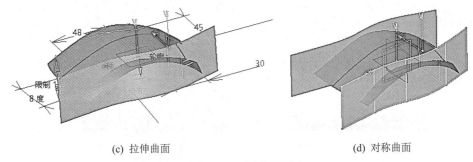

(c) 拉伸曲面　　　　　　　　　　　　　　(d) 对称曲面

图 9-147　两侧曲面创建

(5) 创建两端曲面。以 XY 平面为草图平面，创建草图 5 和草图 6 用于拉伸形成两端曲面，草图如图 9-148(a)和图 9-148(b)所示。拉伸曲面对话框设置如图 9-148(c)所示。拉伸后曲面如图 9-148(d)所示。

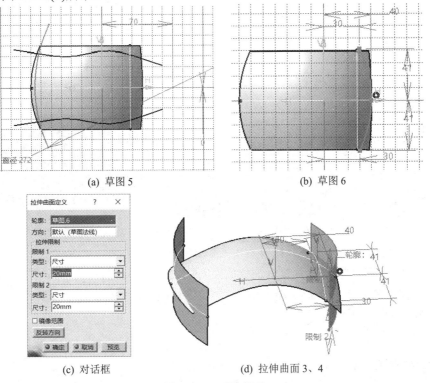

(a) 草图 5　　　　　　　　　　　　　　(b) 草图 6

(c) 对话框　　　　　　　　　　　　　(d) 拉伸曲面 3、4

图 9-148　两端曲面

(6) 利用分割和修剪命令，将曲面由图 9-149(a)修剪为图 9-149(b)所示曲面。

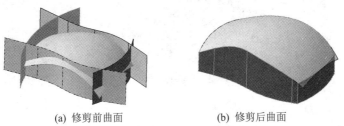

(a) 修剪前曲面　　　　　　　　　(b) 修剪后曲面

图 9-149　鼠标曲面轮廓修剪

(7) 利用"多重提取"命令提取上表面侧边线，对话框如图 9-150(a)所示，提取结果如图 9-150(b)所示。

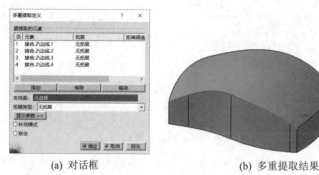

(a) 对话框　　　　　　　　　　　　(b) 多重提取结果

图 9-150　提取顶面侧边线

(8) 利用"两次外插延伸"命令对提取曲线两端进行外插延伸，参数设置对话框如图 9-151(a)所示。利用"3D 曲线偏移"命令对外插延伸曲线进行偏移，对话框参数设置如图 9-151(b)所示，结果如图 9-151(c)所示。

　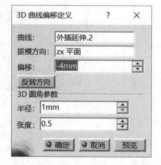　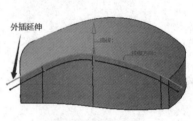

(a) "外插延伸定义"对话框　　(b) "3D 曲线偏移定义"对话框　　(c) 3D 偏移曲线结果

图 9-151　生成顶面侧边线的 3D 偏移曲线

(9) 拉伸 3D 偏移曲面，分割鼠标曲面的所有侧面。"拉伸曲面定义"对话框如图 9-152(a)所示，拉伸曲面结果如图 9-152(b)所示，利用拉伸曲面分割鼠标曲面，初步形成鼠标 A 壳曲面，如图 9-152(c)所示。

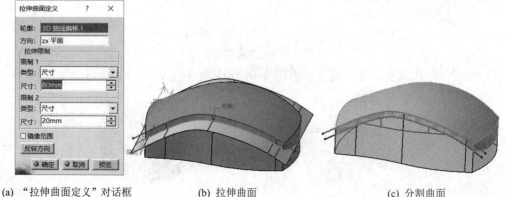

(a) "拉伸曲面定义"对话框　　　　(b) 拉伸曲面　　　　　　　(c) 分割曲面

图 9-152　初步形成鼠标 A 壳曲面

(10) 利用"倒圆角"命令将曲面轮廓进行倒角，参数设置对话框如图 9-153(a)所示，倒角边线如图 9-153(b)所示。

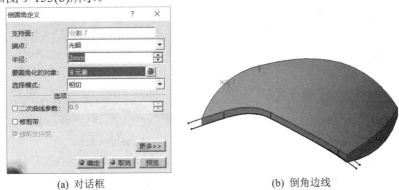

(a) 对话框　　　　　　　　　　　　　　(b) 倒角边线

图 9-153　鼠标 A 壳曲面倒圆角

(11) 利用"提取"命令提取鼠标曲面前端面圆角边线，如图 9-154(a)所示，对提取边线进行两端外插延伸，然后利用外插延伸曲线对鼠标曲面前端面进行分割，分割后的曲面如图 9-154(b)所示。

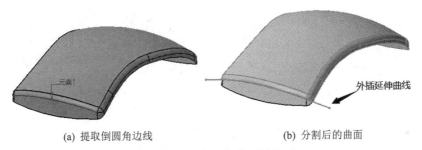

(a) 提取倒圆角边线　　　　　　　　　　(b) 分割后的曲面

图 9-154　分割鼠标曲面前端面

(12) 以 XY 为草图平面创建草图 10，绘制长轴 15 mm、短轴 8 mm 的椭圆，如图 9-155(a)所示。利用"投影"命令将椭圆投影到鼠标曲面上，如图 9-155(b)所示。然后利用"分割"命令在曲面上开孔，对话框设置如图 9-156(a)所示，"要切除的元素"选择鼠标曲面，"切除元素"选择投影椭圆轮廓线，结果如图 9-156(b)所示。为了显示清楚，可更改曲面颜色，实际操作中不影响结果。

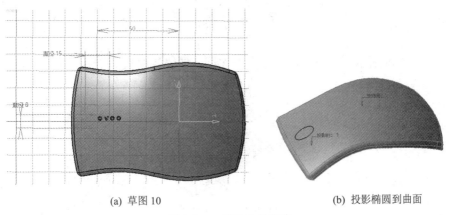

(a) 草图 10　　　　　　　　　　　　　　(b) 投影椭圆到曲面

图 9-155　滚轮孔轮廓线

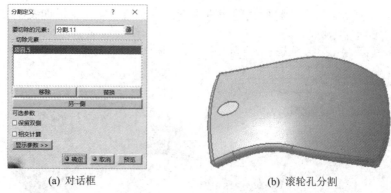

(a) 对话框   (b) 滚轮孔分割

图 9-156   滚轮孔分割操作

(13) 鼠标左、右键之间切槽操作可以采用滚轮孔的操作方法，也可采用如下方法：以 XY 平面为草图平面建立如图 9-157(a) 所示草图轮廓，再拉伸草图形成曲面，如图 9-157(b) 所示，用拉伸曲面分割鼠标曲面，即得到最终的鼠标 A 壳曲面，如图 9-157(c) 所示。

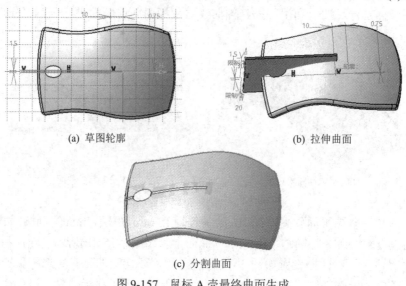

(a) 草图轮廓   (b) 拉伸曲面

(c) 分割曲面

图 9-157   鼠标 A 壳最终曲面生成

课 后 练 习

1. 如图 9-158 所示，用拉伸和剪切命令作图，完成管接头。

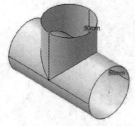

图 9-158   第 1 题图

2. 根据图 9-159 所示尺寸，完成水龙头手柄曲面的建模，不全的尺寸可以自己定义。

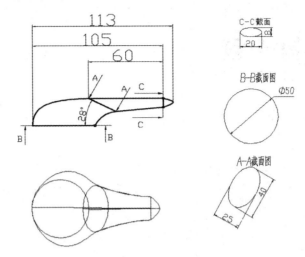

图 9-159 第 2 题图

3. 根据图 9-160 所示尺寸，完成旋钮曲面的建模，不全的尺寸可自己定义。

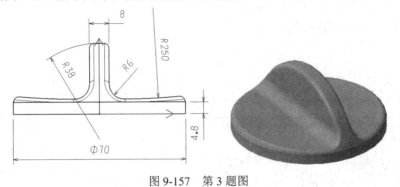

图 9-157 第 3 题图

第十章

装配设计

学习目标

① 了解装配设计流程；
② 掌握装配设计工作台的功能；
③ 掌握自下而上装配设计的方法。

教学要点

知识要点	能力要求	相关知识
装配设计流程	了解装配设计的流程	自上而下的设计 自下而上的设计
装配设计工作台的主要功能	掌握装配设计工作台的功能	装配体的建立、插入已有零部件、移动零部件、约束零部件、测量装配体

　　装配设计的最终产物是产品(Product)，它是由一些零件(Part)或部件(Component)组成的。部件是由至少一个零件(Part)组成的。例如，对于汽车这个产品来说，变速箱是一个部件。对于变速箱这个产品来说，齿轮或轴就是一个部件。某个产品也可以是另外一个产品的部件，某个部件也可以是另外一个部件的一部分。在构成产品的特征树上，树根一定是某个产品，零件或部件是树叶。装配设计(Assembly Design)是 CATIA 最基本的，也是最具有优势和特色的功能模块，包括创建装配体、添加指定的部件或零件到装配体、创建部件之间的装配关系、移动和布置装配成员、生成产品的爆炸图、装配干涉和间隙分析等主要功能。

10.1　产品结构

1. 进入装配设计工作台

进入装配设计工作台的方式有以下三种：

(1) 单击下拉菜单"开始"→"机械设计"→"装配设计"命令进入装配设计工作台，如图 10-1 所示。

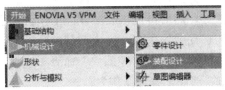

图 10-1　开始菜单

(2) 单击下拉菜单"文件"→"新建"命令，弹出"新建"对话框，选择"Product"，单击"确定"按钮，即可进入装配设计工作台，如图 10-2 所示。

(3) 单击工具栏最上方的预先设计好的工作台图标，弹出工作台界面，选择"装配设计"图标，如图 10-3 所示。

图 10-2　"新建"命令对话框　　　　图 10-3　工作台对话框

装配设计工作台与零件设计工作台的工作界面相似，不同的是装配设计工作台在窗口右侧有专门用于装配的专用工具栏，如产品结构工具、移动、约束等，在插入零件体之后，约束、移动等工具栏才能被激活。

2. 建立装配文件

进入装配设计工作台时就建立了一个装配文件，产品的默认名称是 Product1，可以通过单击鼠标右键，选择"属性"命令，在"零件编号"中修改产品的名称，如图 10-4 所示。

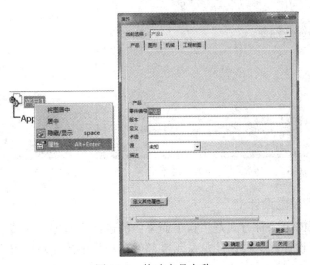

图 10-4　修改产品名称

3. 自下而上的装配设计

在产品设计流程中有两种方式，第一种是"自下而上"的设计，即先在零件设计工作台中完成每个零件的设计工作，然后再进入装配设计工作台，建立一个产品，将设计好的零件插入，最后利用相关的移动或约束命令完成产品的装配。

通过产品结构工具栏中的"插入现有零部件"命令 ![] 或"插入具有定位的现有零部件"命令 ![] 在产品中添加零部件，具体操作为：

(1) 先在产品特征树上单击上一级目录产品，使其呈橘黄色高亮状态。

(2) 单击"插入现有零部件"命令，在弹出的选择文件对话框中找到要插入的零件，也可一次性选择多个零件插入，如图 10-5 所示。

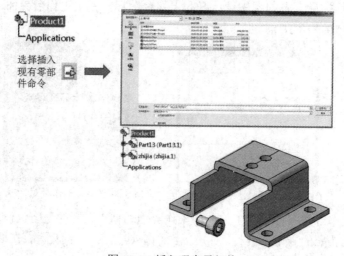

图 10-5　插入现有零部件

若插入零件的零件编号与当前已有的产品零件编号产生冲突，则会弹出如图 10-6 所示"零件编号冲突"对话框。选中产生冲突的零件号，单击"重命名"，在弹出的如图 10-7 所示"零件编号"对话框内输入"新零件编号"；或者单击"自动重命名"，由系统自动改名。

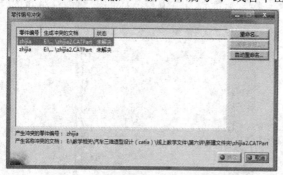

图 10-6　"零件编号冲突"对话框　　　　图 10-7　"零件编号"对话框

4. 自上而下的装配设计

产品设计流程的第二种方式是"自上而下"的设计，即先进入装配设计工作台，再插入新的零部件进行设计。这种设计是按照零部件在产品中的相对位置进行的，因此不需要再进行装配。

通过产品结构工具栏中的"插入部件" 、"插入产品" 和"插入零件" 等命令来建立新的零部件。插入零件的具体操作如下：

(1) 先在产品特征树上单击上一级目录产品，使其呈橘黄色高亮状态。

(2) 单击"插入新零件"命令，即在特征树上出现一个新零件，然后单击鼠标右键选择"属性"修改零件名称，即完成零件的插入。

部件与产品的插入方式相同，但"插入部件"命令与其余两者不同，这个插入到产品的部件本身没有任何数据，因此没有单独的文件被保存，同时也不能单独打开这个部件文件，因为它的数据一起保存在上层产品中。

在产品中插入多个新建零部件时，会出现如图 10-8 所示对话框，选择"是"表示每个新建的零件都有一个独立的原点，选择"否"表示所有零件的原点为同一个。

图 10-8　新建零件原点的选择

10.2　零部件的移动

在进行自下而上的设计流程时，需要对插入的已设计好的零部件进行位置的移动。移动零部件的方法有两种：一种是使用罗盘移动；另一种是使用移动工具栏中的移动命令。

在装配过程中，必须要清楚装配的级别，总装配是最高级，其下级是各级的子装配，即各级的部件装配。对哪一级的部件进行装配，这一级的装配体必须处于激活状态。在特征树上双击某个装配体，使之在特征树上显示为蓝色，此时该装配体就处于激活状态。如果单击某个装配体，使之在特征树上为亮色显示，此时该装配体就处于被选择状态。注意：只有处于激活状态下，产品的部件及其子部件才可以被移动和旋转。

1. 使用罗盘移动

使用罗盘移动零件的操作步骤：

(1) 将光标移至罗盘的红方块，出现移动箭头，按下鼠标左键拖动罗盘，将其放在需要移动的形体表面上，罗盘将附着在形体上，罗盘的三个坐标变成如图 10-9 所示的 U、V、W 三个局部坐标，并且变成绿色。

(2) 将鼠标置于罗盘的轴上按下左键并拖动鼠标，需要移动的零件即可按所选轴线运动。将鼠标置于罗盘的弧上按下左键并拖动鼠标，需要移动的零件即可绕对应的轴线转动。将鼠标

图 10-9　将罗盘附着到零件上

置于罗盘的平面上按下左键并拖动鼠标，需要移动的零件即可在该平面内移动。将鼠标置于罗盘的顶端原点上按下左键并拖动鼠标，需要移动的零件即可向任意方向运动。

(3) 完成零件移动后，拖动罗盘离开依附零件后松开左键，罗盘自动回到原始位置，但罗盘仍保持局部坐标。如想要罗盘恢复到绝对坐标，可将罗盘拖到界面右下角的系统坐标系上并松开左键，罗盘恢复原位。

还可以利用罗盘实现对零件的精确移动。将罗盘附着到零件上之后，在罗盘上单击鼠

标右键，选择"编辑"命令，出现如图 10-10 所示的"用于指南针操作的参数"对话框，在该对话框中可以选择零件以绝对坐标或相对坐标进行三个方向的平移和以三个方向为轴的旋转。单击箭头图标，即可使零件按照所选移动方式进行正向或反向的移动。

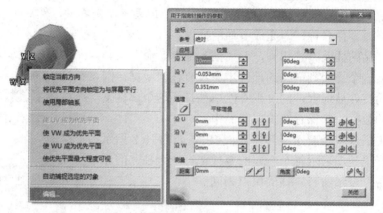

图 10-10　利用罗盘实现对零件的精确移动

2. 使用移动命令移动

"移动"工具栏中包括"操作""捕捉""智能移动""分解"和"碰撞时停止操作"5个命令，如图 10-11 所示。

图 10-11　"移动"工具栏

1) 操作

操作命令是使用"操作参数"对话框实现对零部件的平移和旋转。单击"操作"命令，弹出"操作参数"对话框，如图 10-12 所示。在对话框中选择要移动的方向或旋转轴，然后将光标置于要移动的零件上，按下鼠标左键并拖动鼠标，即可移动零件。

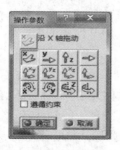

图 10-12　"操作参数"对话框

2) 捕捉

捕捉命令是将选定的零件移动并对齐另一元素上所选取的几何元素。操作时，单击"捕捉"命令，依次选择两个元素，出现对齐箭头，在空白处单击鼠标左键，将第一个元素移动到第二个元素处并与之对齐，从而实现零件的移动。表 10-1 表示了几何元素种类及其对齐结果。

表 10-1　捕捉命令的几何元素种类及捕捉结果

第一个选定的几何元素	第二个选定的几何元素	捕捉结果
点	点	共点
点	直线	点移动到直线上
点	平面	点移动到平面上
线	点	直线通过选择点
线	直线	所选两条直线共线
线	平面	直线移动到平面上
面	点	平面通过点
面	直线	平面通过直线
面	平面	两平面共面

3. 智能移动

　　智能移动命令与捕获命令的操作结果相似，但过程中更具有智能性。单击"智能移动"命令 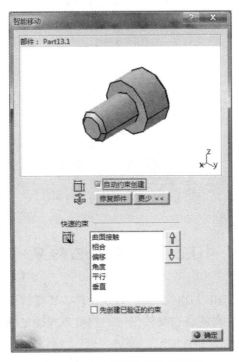，弹出"智能移动"对话框，如图 10-13 所示，在对话框中显示需要移动的零件，使用与捕获命令相同的操作方法进行零件的移动。单击对话框中的"更少"按钮，出现快速约束窗口，窗口中有 6 种按优先顺序显示的约束，通过对话框右侧的上下箭头可改变优先约束的顺序。选中"自动约束创建"选项，两零件间将按优先顺序自动创建约束列表中的某一个约束。

图 10-13　"智能移动"对话框

4. 分解

分解命令可以将装配体分解开来，以查看零部件之间的位置关系，即形成爆炸图。选择要分解的产品，单击"分解"命令 🦀，　弹出"分解"对话框，如图 10-14 所示。设置"深度""类型""选择集"和"固定产品"选项，单击"应用"按钮，所有零件分开。

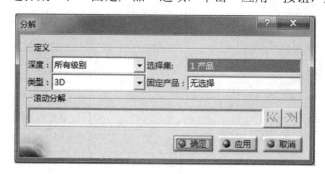

图 10-14　"分解"对话框

5. 碰撞时停止操作

碰撞时停止操作命令可以检查零部件之间移动时是否会产生碰撞。单击此命令 🐛 使其处于激活状态，单击"操作"命令，在"操作参数"对话框中勾选"遵循约束"，如图 10-15 所示，在对零件进行移动时会发现，若零件发生碰撞则无法继续移动零件。

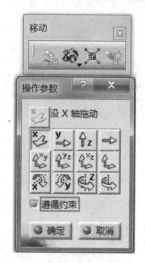

图 10-15　碰撞时停止操作命令

10.3　创建装配约束

约束指的是零部件之间相对几何关系的限制条件。其几何关系的限制条件只需指定两个零部件之间的约束类型，系统将自动按指定的约束方式确定部件位置。创建装配约束可以通过"约束"工具栏中的"相合约束""接触约束""偏移约束""角度约束""固定约束""固联约束""快速约束""柔/刚约束"和"更改约束"等命令实现，如图 10-16 所示。

图 10-16 "约束"工具栏

约束命令的操作过程基本相同：单击"约束"命令，选择需要进行约束的两个零件的约束元素，这时零件之间会添加"约束"命令的图标，但位置不会发生变化。只有单击"更新"按钮 ，零件的相对位置才会发生变化，且特征树上会出现已添加的约束，如图 10-17 所示。

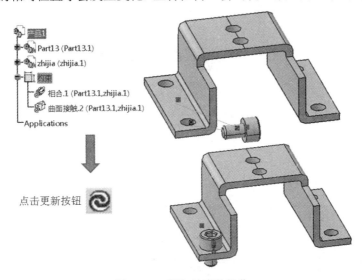

图 10-17 添加约束的操作

约束命令包括相合约束、接触约束、偏移约束、角度约束、固定部件、固联约束。

1. 相合约束

相合约束功能是在两个几何元素之间施加重合约束。几何元素可以是点(包括球心)、直线(包括轴线)、平面、形体的表面(包括球面和圆柱面)。单击相合约束图标，依次选择两个元素，则第一元素移动到第二元素位置，将两者重合在一起。装配关系为同心、共线或共面，如图 10-18 所示。

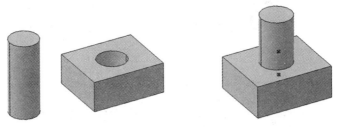

图 10-18 相合约束

2. 接触约束

接触约束是在平面或形体表面施加接触约束，约束的结果是两平面或表面的外法线方向相反。单击接触约束图标，依次选择两个元素，则第一元素移动到第二元素位置，两面外法线方向相反，如图 10-19 所示。表 10-2 为接触约束可以选择的对象。

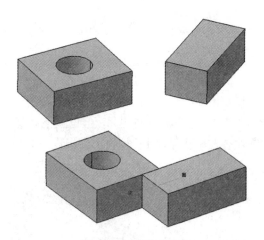

图 10-19　接触约束

表 10-2　接触约束可以选择的对象

接触约束	形体平面	球面	柱面	锥面	圆面
形体平面	可以	可以	可以		
球面	可以	可以		可以	可以
柱面	可以		可以		
锥面		可以		可以	可以
圆面		可以		可以	

3. 偏移约束

偏移约束是确定两选择面的外法线方向是相同还是相反，同时还可以给出两面之间的偏移距离。单击偏移约束图标，依次选择两个元素，则第一元素移动到第二元素位置，再在图形中观察两面外法线方向，单击箭头可以使方向反向，如图 10-20 所示。

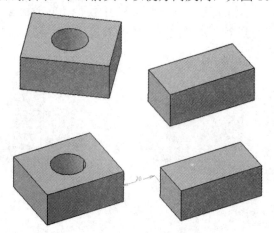

图 10-20　偏移约束

4. 角度约束

角度约束的对象可以是直线、平面、形体表面、柱体轴线和锥体轴线。单击角度约束图标，依次选择两个几何元素，在随后弹出的对话框中输入角度值，即可实现角度约束，如图 10-21 所示。

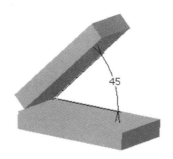

图 10-21 角度约束

5. 固定部件

固定部件是将零件固定在空间的位置。单击固定部件图标，选择待固定的形体，即可施加固定约束。在一个产品中，至少有一个零件是固定的，通常选择机体、底座等零件作为固定零件。

6. 固联约束

固联约束是将当前装配中的两个或多个零件固联在一起，使它们彼此之间相对静止，没有任何相对运动。单击固联约束图标，依次选择固联的形体，即可施加固联约束。

10.4 装配测量与复制

使用测量工具可以测量零件或产品中的尺寸、角度和质量。"测量"工具栏在通用工具栏中，在装配设计工作台和零件设计工作台中都有，如图 10-22 所示。

"测量"工具栏中包括"测量间距"命令、"测量项"命令和"测量惯性"命令。

图 10-22 "测量"工具栏

1. 测量间距

测量间距命令用来测量几何元素之间的距离和角度，例如轴线与轴线间的距离、两平面之间的距离和角度等。使用这个命令测量对象时，需要选择两个对象上的点、线、面等几何元素，系统将自动测量出这些几何元素之间的距离或角度。操作过程如下：

(1) 单击"测量间距"命令，弹出如图 10-23 所示的对话框，在此对话框中可选择 5 种测量定义：独立式测量、连续式测量、基线式测量、转换为单项测量、转换为测量壁厚。展开"选择模式 1"和"选择模式 2"窗口，分别有 13 种测量对象可供选择，默认选择为"任意几何图形"，也可以根据需要任意选择。例如在模式 1 窗口中选择拾取点，在模式 2 窗口中选择拾取轴，则测量结果为点到轴线的距离。

(2) 选择需要测量对象上的几何元素，在"测量间距"对话框上即显示距离或角度，同时在测量对象上也会显示测量结果。

图 10-23　　"测量间距"对话框

2. 测量项

　　测量项命令用来测量一个选择对象的有关尺寸，例如点的坐标、线的长度、弧的半径、圆心、弧长、曲面面积、圆柱面的半径、实体的体积等。使用这个工具测量时只需选择一个对象。测量的结果同样在"测量间距"对话框上显示。

3. 测量惯量

　　测量惯量命令是测量形体的体积、重量、重心坐标、重心惯量矩阵、重心主惯量矩等实体的物性。选择要测量的零部件，单击"测量惯量"命令，弹出如图 10-24 所示对话框，在对话框中显示了所测量实体的物性参数。

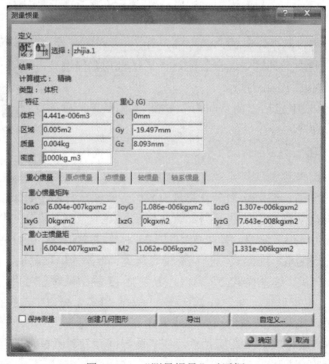

图 10-24　　"测量惯量"对话框

10.5 装配设计实例

下面通过装配如图 10-25 所示的千斤顶，演示自下而上的装配过程。

图 10-25 千斤顶

装配步骤：

(1) 打开 CATIA 软件，新建一个 Product 文件，鼠标放在特征树的根节点 Product 上，单击右键，选择"属性"，修改产品名称为 qianjinding。

(2) 选择特征树上的根节点 qianjinding，单击"现有部件"命令，插入已经设计好的零件体。

(3) 利用"分解"命令使叠放在一起的零件散开，如图 10-26 所示。

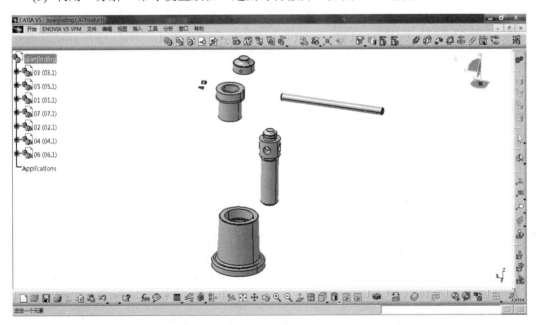

图 10-26 插入零件体

(4) 选择 01 零件，单击"固定"命令 ，将零件固定。

(5) 单击"相合约束"命令，先选择零件 2 的轴线，再选择零件 1 的轴线，完成同轴约束；单击"接触约束"命令，先选择零件 2 凸台下表面，再选择零件 1 上表面，完成面接触约束，单击"更新"，如图 10-27 所示。

　　(6) 单击"相合约束"命令，先选择零件 3 的轴线，再选择零件 1 的轴线，完成同轴约束；单击"相合约束"命令，先选择零件 3 上表面，再选择零件 1 上表面，完成面相合约束，单击"更新"，如图 10-28 所示。

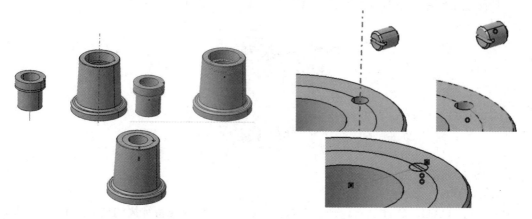

图 10-27　零件 2 的约束　　　　　　　　　　　　　　图 10-28　零件 3 的约束

　　(7) 单击"相合约束"命令，先选择零件 4 的轴线，再选择零件 1 的轴线，完成同轴约束；单击"相合约束"命令，先选择零件 4 凸台下表面，再选择零件 2 上表面，完成面相合约束，单击"更新"，如图 10-29 所示。

　　(8) 单击"相合约束"命令，先选择零件 5 的轴线，再选择零件 4 上端任意一组孔的轴线，完成同轴约束，单击"更新"，如果零件 5 未穿入零件 4 的孔中，可以使用罗盘沿零件 5 的轴线移动直至穿入零件 4 孔中，如图 10-30 所示。

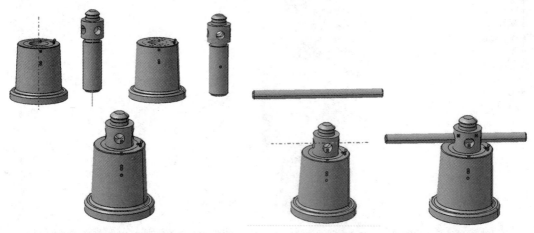

图 10-29　零件 4 的约束　　　　　　　　　　　　　　图 10-30　零件 5 的约束

　　(9) 单击"相合约束"命令，先选择零件 6 的轴线，再选择零件 1 的轴线，完成同轴约束；单击"相合约束"命令，先选择零件 6 下表面，再选择零件 4 上表面，完成面相合约束，单击"更新"，如图 10-31 所示。

　　(11) 单击"相合约束"命令，先选择零件 7 的轴线，再选择零件 6 上方孔的轴线，完成同轴约束，单击"更新"，如果零件 5 未穿入零件 4 的孔中，可以使用罗盘沿零件 7 的轴线移动直至穿入零件 4 孔中，如图 10-32 所示。

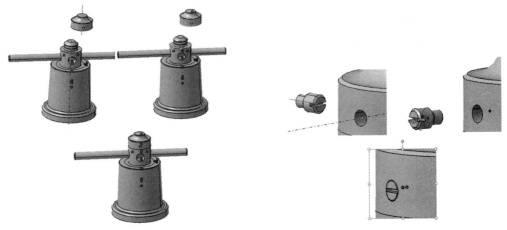

图 10-31　零件 6 的约束　　　　　　　图 10-32　零件 7 的约束

千斤顶装配完成，如图 10-33 所示。

图 10-33　装配好的千斤顶

课 后 习 题

如图 10-34、10-39 所示，完成滚轮架零部件的设计，并进行装配。

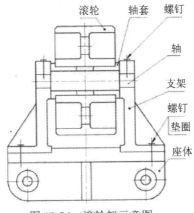

图 10-34　滚轮架示意图

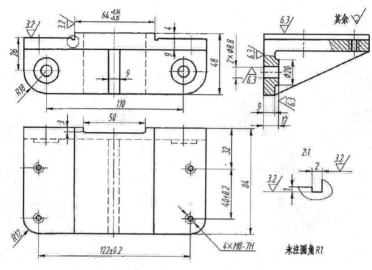

图 10-35　座体零件图

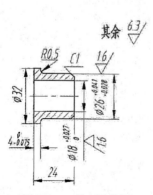

图 10-36　支架零件图

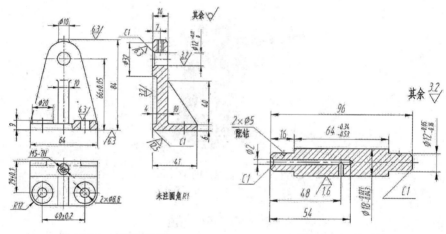

图 10-37　轴零件图

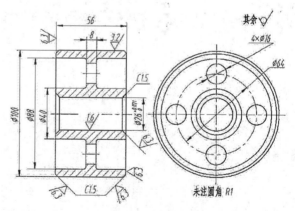

图 10-38　轴套零件图　　　　图 10-39　滚轮零件图

第三篇

3D建模和3D打印实操案例

第十一章

切片与数据处理

 学习目标

① 掌握 Cura 软件的安装和适配；

② 了解 3D 打印的切片原理及其过程；

③ 了解 Cura 软件进行零件切片处理以及切片的特点。

教学要点

知识要点	能力要求	相关知识
Cura 的安装和配置	了解 Cura 的开发背景及其应用	Cura 的下载和安装
切片原理及其过程	了解 3D 打印的基本流程及其应用	3D 打印工作过程与切片相关关系
Cura 软件的使用	了解 SW/ProE 等三维软件的建模	Cura 软件的设置及其应用背景

11.1 切片的概念及处理流程

在完成 3D 零件的建立和检测修复之后，得到的 stl 格式文件还需要进行一步"切片"操作，即对已建好的模型进行分层切片，生成 Gcode(即所谓的"G 代码")文件——数控(Numberical Control)编程语言，"告诉"3D 打印机做什么、怎么做(比如以什么速度移动至何处等)。3D 打印机能够识别出经切片后得到的 G 代码文件中所规定的动作及设置的参数，最终会顺序遵循代码命令进行正式的 3D 打印(比如打印喷头温度和打印速度的调整等)。

切片软件是将一个完整的三维模型进行分层的软件。切片软件的工作流程由 5 个步骤组成，如图 11-1 所示。

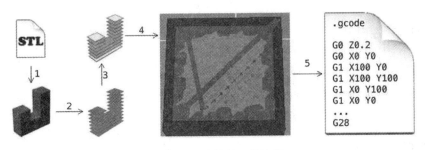

图 11-1　切片软件工作流程

1. 零件导入

常用切片软件默认识别的零件文件是 stl 文件格式，CuraEngine (以下简称"Cura")内部是用三角形组合来表示零件的。切片的第一步是从外部读入零件数据，转换成以 Cura 内部数据结构所表示的三角形组合。如果出现三角形组合不够的情况，软件在载入零件阶段将对三角形进行关联，若两个三角形共有一条边，则可以判断它们为相邻三角形，而一个三角形有三条边，所以最多可以有三个相邻三角形。一般而言，如果零件是封闭的，那它的每一个三角形都会有三个相邻三角形。通过自动地匹配三角形三边的关系可以提高切片的效率和切片的成型效果，而这种切片特点也使得 Cura 成为目前市场上最快的切片软件。

2. 零件分层处理

分层本质上是将 3D 零件转化为一系列 2D 平面的过程，自此之后的所有操作都是在 2D 平面上进行。当两个不平行的平面相交或一个平面和一个三角形相交时，可得到一条直线。无数个平面与无数个三角形相交将得到无数条直线，此时基于三角形的关联关系，两个关联的三角形如果都与一个平面相交，那它们的交线一定也是关联的。每一条线段只需要判断其与其相邻的三角形是否与三角形平面存在交线即可，无数条直线将各自相互连接生成封闭的图形。

3. 划分组件

经过分层之后，软件将对所获得的二维平面图形进行标记，即标识图形的外墙、内墙、填充、上下表面、支撑等。3D 打印的每一层是以组件为单位，所谓组件，是指每一层 2D 平面图形内连通封闭区域，打印的默认设置顺序是打印完一个组件后，挑选距离上一个组件最近的组件进行打印，如此循环直至一层的组件全部打印完成。随着 Z 轴的移动，重复上述步骤再打印下一层的所有组件。

4. 生成路径

路径可分为轮廓和填充两种。软件数据采集点将沿着 2D 图形轮廓的边线走一圈，即可获取图形轮廓。Cura 软件内置多种填充路径，用户可根据实际需要进行适当的选择。

5. 生成 Gcode 文件

根据已生成的路径，操作软件自动生成打印机硬件可识别的代码。

11.2 常见的切片软件

截至目前，在国内外 3D 打印市场上大致有 20 余款不同类型的软件，如图 11-2 所示。本章节主要介绍市场上使用最多，最为方便的 4 款软件，即 Cura、Simplify3D、Slic3r 和 Hori3D Software，并简单对上述 4 款软件做相应的介绍和部分优劣点的分析。此外，由于学习并使用 FDM 桌面级 3D 打印机和 SLA 工业级 3D 打印机的需要，在这一章中也将介绍 Cura 和 ChiTu Box 切片软件的安装。

软件	功能	适用水平	系统
Cura	切片软件/3D 控制	初学者	PC/Mac/Linux
Hori3D Software	切片软件/3D 打印控制	初学者	PC/Mac/Linux
EasyPrint 3D	切片软件/3D 控制	初学者	PC
CraftWare	3D 建模/CAD	初学者	PC/Mac
123D Catch	3D 建模/CAD	初学者	PC/Android/iOS/ Windows Phone
3DSlash	3D 建模/CAD	初学者	PC/Mac/ Linux/ Web Browser
TrinkerCAD	3D 建模/CAD	初学者	Web Browser
3DTin	3D 建模/CAD	初学者	Web Browser
Sculptris	3D 建模/CAD	初学者	PC/Mac
STLView	STL 查看	初学者	Web Browser
Netfabb Basic	切片软件/STL 检测/ STL 修复	中级	PC/Mac/Linux
Repetier	切片软件/3D 打印控制	中级	PC/Mac/Linux
FreeCAD	3D 建模/CAD	中级	PC/Mac/Linux
SketchUp	3D 建模/CAD	中级	PC/Mac/Linux
3D-Tool Free Viewer	STL 阅读/STL 检测	中级	PC
Meshfix	STL 阅读/STL 检测	中级	Web Browser
Simplify3D	切片软件/3D 打印控制	专业级	PC/Mac/Linux
Slic3r	切片软件	专业级	PC/Mac/Linux
Blender	3D 建模/CAD	专业级	PC/Mac/Linux
MeshLab	STL 编辑/STL 修复	专业级	PC/Mac/Linux
Meshmixer	STL 阅读/STL 检测/ STL 编辑	专业级	PC/Mac
OctoPrint	3D 打印控制	专业级	PC/Mac/Linux
ChiTuBox	切片软件/3D 打印控制	专业级	PC/Mac/Linux

图 11-2 常见的 3D 打印切片软件

11.2.1　Cura

Cura 软件是由知名的 Ultimaker 公司研发的开源切片软件。Cura 被称为 3D 打印的标准切片软件，兼容性高且易学易用。它的切片速度很快，打印效果也极佳，推荐初学者使用。Cura 软件包含了所有 3D 打印所需要的功能，涉及零件切片以及打印机控制两大部分，如图 11-3 所示为 15.02.1 版 Cura 软件的工作界面。Cura 使用非常方便，在一般模式下，可以快速进行打印，也可以选择"专家"模式进行更精确的 3D 打印。此外，该软件通过 USB 连接电脑端后，可以直接控制 3D 打印机。

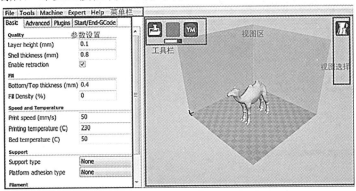

图 11-3　15.02.1 版 Cura 软件的工作界面

11.2.2　Simplify3D

Simplify3D 软件功能强大，可自由添加支撑，支持双色打印和多零件打印，还可以预览打印过程，切片速度极快，附带多种填充图案和详细的参数设置等功能。此外，它具有与市场上大部分 3D 打印机相互兼容的特点。软件最有特色的功能是多零件打印，它能在同一个打印床上打印多个零件，且每个零件都有一套独立的打印参数，如图 11-4 所示为 Simplify3D 的工作界面。

这个软件可兼容市场上大部分的 3D 打印机，且具有切片的设置参数范围较广、支持双色打印等优点，但它是一款非开源软件，需要用户购买。

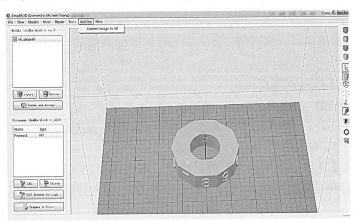

图 11-4　Simplify3D 软件工作界面

11.2.3　Slic3r

Slic3r 作为一款非营利的开源 3D 打印独立软件,自 2011 年从 RepRap 社区产生以来,其用户群迅速扩散,迄今已经成为 3D 打印领域里使用最为广泛的切片软件。Slic3r 的功能就是将 stl 或 obj 的文件切片成多个可打印层,并生成 G 代码。自从它首次发布后,已经经历了数百次的改进,还有更多的人在此基础上将其修改为自己专用或者具有商业用途的切片软件。如图 11-5 所示为 Slic3r 的工作界面图。

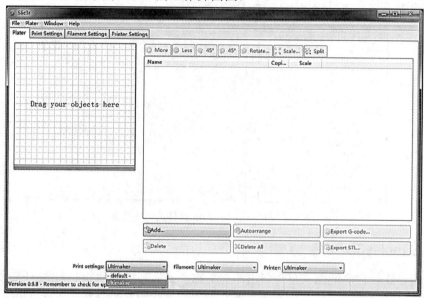

图 11-5　Slic3r 软件工作界面

它具有如下特点:

(1) 定制打印床的形状——用户能够使用一个非常简单的床形状定制工具将软件中的打印床设定为矩形或圆形。

(2) 增量式实时切片——每次更改设置时不再需要从头开始进行切片。软件最新版本中新的设置一旦实施,软件将仅被用来计算剩余的部分,当将一个对象移到托盘上时不再需要重新计算。

(3) OctoPrint 集成——轻松配置、切片和上传数据到流行的 3D 打印机主机软件 OctoPrint 上。

(4) 变化的 3D 蜂窝式填充结构——填充结构能够在 Z 轴方向上进行改变,而不是每一层都简单地重复相同的图案。

(5) 3D 预览更新——最新版本中加入了新的 OpenGL 视图,这种新的 3D 道具路径预览非常精确地描绘了将要进行 3D 打印的对象。

(6) X、Y 尺寸补偿——尺寸误差可以快速、方便地在 Slic3r 软件内修复。

(7) 自动维持速度的实验性功能——在整个特定的 3D 打印项目中可以保持喷头压力和挤出体积恒定。

(8) 旋转、缩放、翻转和镜像功能——这些选项允许用户在进行切片之前在 Slic3r 界面中的操纵模型，使得软件本身成为一个图形化的工具。

11.2.4 Hori3D Software

Hori3D Software 是由北京洪瑞公司自主开发的 3D 打印切片及 3D 打印机控制软件，软件界面风格简约、易于操作。软件中可以加载或复制多个零件并同时进行切片和打印，还可方便地对零件进行移动、缩放、旋转等操作。此外，软件支持双头打印模式和中、英文语言操作界面，还增加了零件自动切割、手动添加支撑、停机续打、零件自动置于平台、快速旋转等众多特色功能。图 11-6 所示为 Hori3D Software 的工作界面。

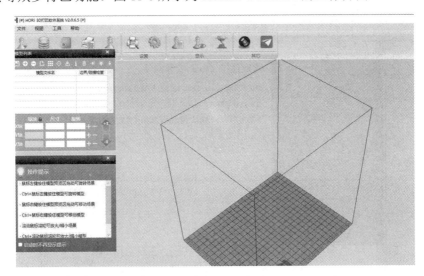

图 11-6　Hori3D Software 的工作界面

Hori3D Software 软件具有如下优点：

(1) 支持二进一出模式，能够实现混色打印，并能够打印出来渐变过渡色；

(2) 支持手动切割，且切割后的零件能够分别独立保存或整体一起保存；

(3) 有"手动添加支撑"和"自动添加支撑"两种功能，手动支撑在某些时刻能发挥重要作用；

(4) 切片程序采用多线程并行方式，充分发挥多核 CPU 性能；

(5) 能自动将接缝藏在向内凹的角里面，使接缝的影响降到最低；

(6) 零件很多细长的区域可使用智能的路径算法。

11.3　Cura 切片软件的安装及其设置

Cura 由 3D 打印机公司 Ultimaker 及其社区开发、托管和维护，具有切片速度优异，软件运行简单且易操作等优点，下面主要介绍 Cura 软件的安装和使用。

11.3.1　Cura15.02.1 版本软件的安装

(1) 先将下载的文件解压缩，然后打开文件夹，选择安装包文件并用鼠标单击打开文件，如图 11-7 所示。

名称	修改日期	类型	大小
cura_15.02.1_install汉化版.exe	2015/9/17 9:58	应用程序	21,350 KB
安装步骤.png	2019/10/15 20:29	PNG 文件	107 KB
免责声明.pdf	2019/10/15 21:34	PDF 文件	200 KB

图 11-7　软件安装过程一

(2) 单击"下一步"，如图 11-8 所示。

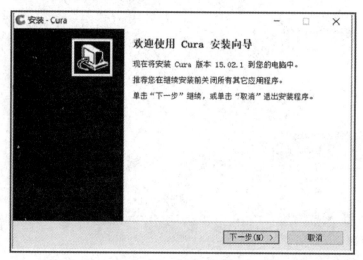

图 11-8　软件安装过程二

(3) 进入选择软件安装位置窗口，单击"下一步"(注：用户可根据个人的操作习惯将软件安装到对应的安装目录之下，单击"浏览"可选择安装路径)，如图 11-9 所示。

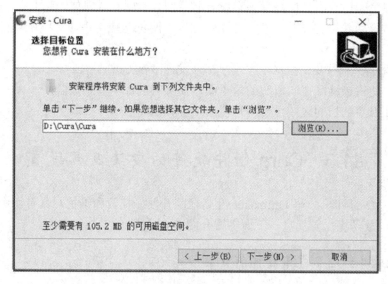

图 11-9　软件安装过程三

(4) 显示软件安装进度条对话框，用户等待安装完成，如图 11-10 所示。

图 11-10　软件安装过程四

(5) 软件安装完成后单击桌面软件图标，弹出新的对话框，选择语言"Chinese"，再单击"Next"，如图 11-11 所示。

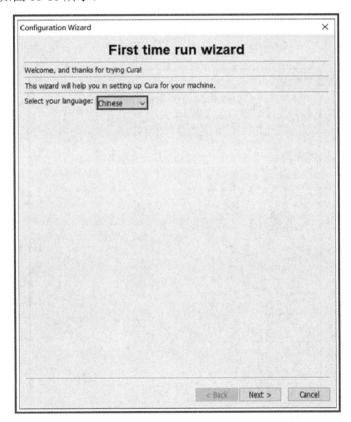

图 11-11　软件安装过程五

(6) 在弹出的界面点选"Other"选项，再单击"Next"，如图 11-12 所示。

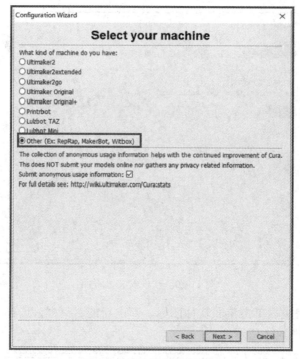

图 11-12　软件安装过程六

(7) 在弹出的界面中点选"Custom…"选项，再单击"Next"，如图 11-13 所示。

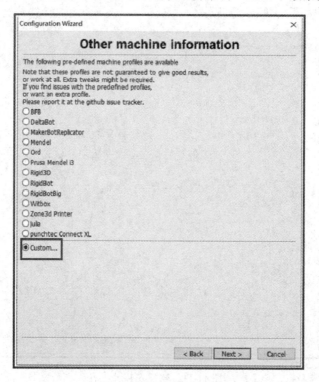

图 11-13　软件安装过程七

(8) 在弹出的对话框中，设置各参数，然后单击"Finish"按钮，如图 11-14 所示。

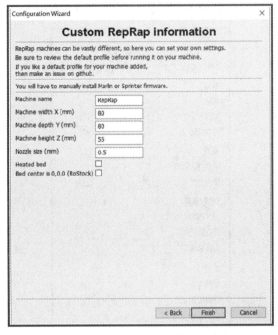

图 11-14 软件安装过程八

(9) 待所有设置完成后，单击桌面软件快捷命令，出现软件初始化界面，如图 11-15 所示。

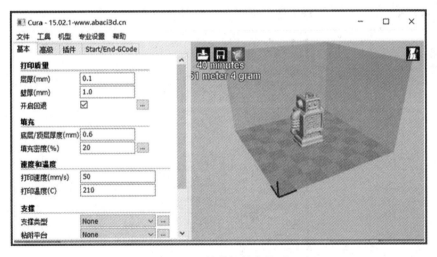

图 11-15 软件初始化界面

11.3.2 Cura15.02.1 版本软件的设置

在 Cura 软件的左上部是"文件""工具""机型""专家设置""帮助""基本""高级""插件"和"开始/结束代码"菜单，通过这些菜单可以进行零件导入、保存零件、基本设置和高级设置等操作。

在 Cura 软件的"基本"菜单中，提供了与打印质量相关的详细设置(如打印速度、打印壁厚等)，也允许用户自己进行修改和设置，如图 11-16 所示。

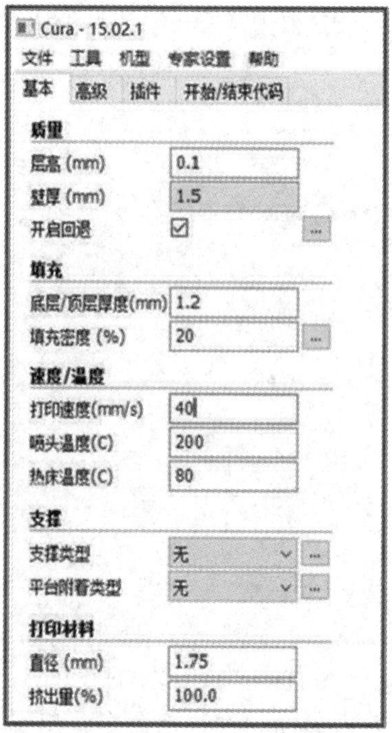

图 11-16　Cura15.02.1 软件"基本"菜单

在 Cura 软件的"高级"菜单中，提供了一些高级设置，如图 11-17 所示。

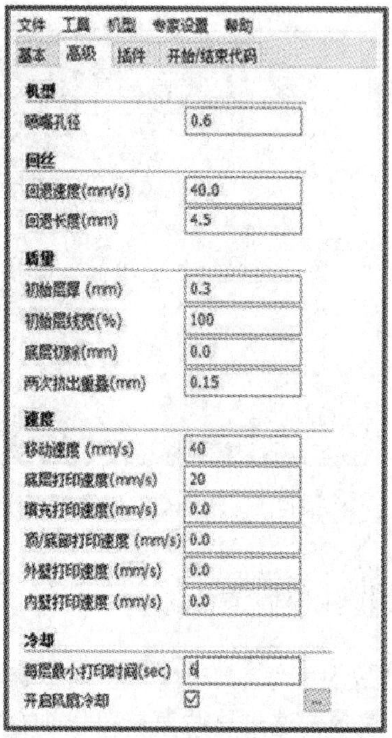

图 11-17　Cura15.02.1 软件"高级"菜单

在 Cura 软件的"机型"菜单中，为用户提供了配置打印机型号等操作，如图 11-18 所示。需要注意的是，Cura 允许用户根据自己的打印机情况进行自定义打印机设置。鼠标左键单击图 11-19 中的"机型设置"，可以进行一些参数设置，而当用户使用的不是主流打印机的打印尺寸时，用户还可以自定义打印机(添加机器)。

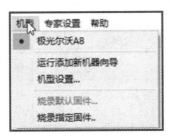

图 11-18　Cura15.02.1 软件"机型"菜单

图 11-19　Cura15.02.1 软件"机型设置"界面

11.4　ChiTuBox 切片软件的安装

ChiTuBox 是一款功能强大的光固化切片软件，软件为用户提供了屏幕录制、还原重做、克隆当前零件、自动布局、镂空、镜像零件、移动零件、旋转零件、缩放零件、拖动场景、缩放场景、前视角、正视视角、实体、透视、切片设置等多种强大的功能，便于用户更好地查看与编辑零件。用户在进行切片前，可以对切片的参数进行全面的设置，从而获得最佳的切片效果，而且支持用户预览切片效果。值得一提的是，该软件支持 Any Cubic Photon、Orbeat D100、Phrozen Shuffle、Phrozen Shuffle XL 等多种打印机，能够全面满足用户的使用需求。G3 光固化 3D 打印机使用的切片软件与普通的 FDM 桌面级 3D 打印机和 SLA 工业级 3D 打印机均有所不同，其使用的切片软件是 ChiTu Box，下面将介绍这款软件的安装。

(1) 找到安装包文件所在位置，单击鼠标右键，以管理员身份运行，在软件打开后选择"中文(简体)"，单击"OK"按钮，如图 11-20 所示。

图 11-20　软件安装过程一

(2) 在出现的安装向导界面，单击"下一步"，如图 11-21 所示。

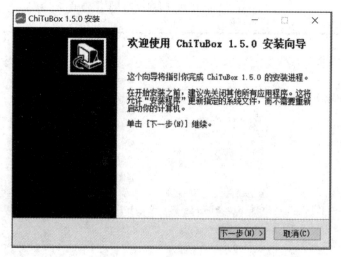

图 11-21　软件安装过程二

(3) 弹出"……用户许可协议"界面，单击"我接受"，如图 11-22 所示。

图 11-22　软件安装过程三

(4) 在弹出的"选定安装位置"对话框中，修改目标文件夹为自定义文件夹，即选择
"D:\ChiTUBox\ChiTuBox64 1.5"，然后单击"安装"，如 11-23 所示。

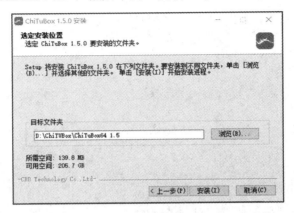

图 11-23　软件安装过程四

(5) 弹出"正在安装"进度条，这时需耐心等候软件安装，如图 11-24 所示。

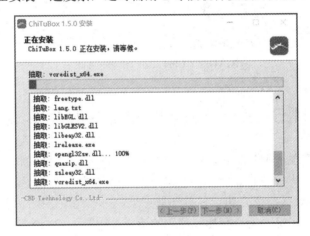

图 11-24　软件安装过程五

(6) 待安装完成，单击"完成"按钮，如图 11-25 所示。

图 11-25　软件安装过程六

(7) 软件安装成功后，返回电脑桌面，找到软件图标并单击即打开软件的主页面，即可开始使用，如图 11-26 所示。

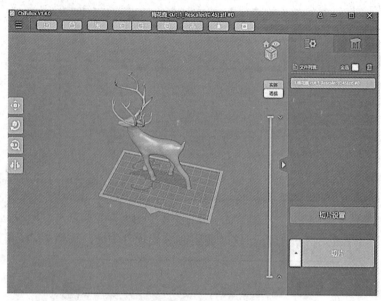

图 11-26　ChiTuBox 软件主页面

11.5　切片的意义及相关打印参数

"逐层加工、叠加成型"是目前常见的桌面级 3D 打印机的基本工作原理，即第一层 (3D 零件的最底层) 打印完毕后，打印头会向上(沿空间 Z 轴正方向)移动指定的距离，接着在第一层上面打印第二层，然后再上移打印第三层……如此层层顺序叠加，直至打印完成，每一层都具有"横向、等距离、叠加纹理"的特点，如图 11-27 所示。

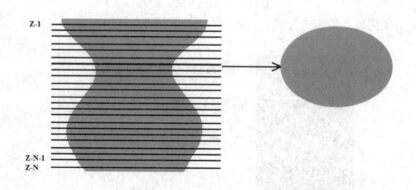

图 11-27　切片技术的应用

切片操作相当于预先将 3D 零件从底部至顶部进行横向"切割"分层，并且按照序号逐一记录每一层的平面(X 轴和 Y 轴)零件分布信息，这些信息最终会直接影响到 3D 打印零件的质量，包括尺寸精度、表面粗糙度及强度等，其中主要的 3D 打印参数及其含

义如下:

1) 喷头尺寸

喷头尺寸指的是打印机喷头出料孔的尺寸,即打印时喷出液态塑料丝的直径大小,通常有 0.25 mm、0.4 mm、0.6 mm 和 0.8 mm 等规格。一般而言,喷头尺寸越小(即塑料丝直径越小),打印成品的表面就会越光滑,但打印的速度就会越慢。

2) 层厚

层厚指的是单一打印层的厚度值,与不同的喷头尺寸相匹配,通常是在 0.06～0.6 mm 的范围内调节。相同条件下,打印层越薄,打印成品的表面就会越光滑,但成型也越困难;另一方面,打印层过厚则会因打印层间黏结强度过低而降低打印成品的机械强度,甚至会造成打印成品的断裂(打印失败)。

3) 壁厚

3D 打印成品都是由外壳和内部的填充结构合并成型的,其外壳的厚度即为打印成品的“壁厚”。壁厚分为单层壁厚和多层壁厚,前者是由喷头尺寸决定的,后者是前者的整数倍,通常壁厚是与打印成品的强度成正比。

4) 填充

填充的作用是调整打印成品的实心程度,两个“极值”分别为:0%表示空心;100%则表示实心。目前的 3D 打印填充分为栅格状、蜂窝状等结构,填充率越高代表打印成品就越结实。一般情况下,薄壁的 3D 零件或者有一定力学要求的打印成品建议填充为 100%,但这个数值如果较大(超过 70%时),就一定要注意 3D 打印机的散热问题(尤其是室温较高时 45°),否则容易导致打印成品收缩变形或者从打印平台上脱落等意外情形。

5) 支撑

在进行 3D 打印时,可能会遇到零件有悬空结构的情况,尤其是当悬臂结构与打印平台的夹角小于 45°时,此时建议使用支撑。支撑能够极大地提高悬空类零件的打印成功率,不过在打印结束后从打印成品上拆除支撑部件时需要额外多做些操作,而且有可能产生打印成品表面的缺陷,从而增加后期零件精修的困难。此外,常见的三维切片软件具备自动生成辅助支撑的功能,用户可根据实际的打印需要设置相应的支撑参数。

6) 线材直径

由于桌面级 3D 打印机是通过送丝机构来控制喷头材料的挤出量,因此在相同的送丝速度下,线材的直径越大表示材料的挤出量越大。线材直径参数的设置必须要以实际打印使用线材的直径为准,并且在此基础值上进行微调。较多的挤出量容易导致打印成品表面出现“溢料”,影响外观;较少的挤出量则会导致打印成品表面发生因缺料而产生镂空现象,而且也降低了打印成品的机械强度。

7) 打印速度

打印速度是指 3D 打印喷头正常工作时的移动速度,不同的切片软件在此基础上又会细分出不同工作状态时的喷头移动速度。合理的打印速度非常重要,如果打印速度慢,会造成打印效率降低;若打印速度较快,会造成打印成品的表面缺陷,甚至会降低打印成品的强度(产生一些内部镂空现象)。

8) 打印温度

打印温度是指 3D 打印喷头正常工作时的喷头温度，不同种类的材料一般具有不同的打印温度，而相同种类的材料打印温度也会稍有差异(生产厂商或生产批次不同等)，一般是在材料的额定温度范围内根据经验或自行测试的结果进行调节。打印温度较高，容易导致打印成品表面发生熔融塌陷，甚至使打印喷头的材料快速炭化而造成喷头的堵塞；打印温度较低，不但会因打印层间黏结强度降低而造成打印成品强度下降，还会增加送丝机构的输送难度，甚至有可能会造成打印喷头中的塑料丝因前端"半固化"而无法继续喷出导致"停工"。

课 后 习 题

1. 简述切片的定义和工作过程。
2. 简述常见切片软件的优劣。
3. 3D 打印的成型质量受哪些因素的影响？

第十二章

工业级 3D 打印机打印实例

学习目标

① 掌握 Cura 软件的使用；
② 能独立操作使用工业级 3D 打印机；
③ 了解工业级 3D 打印的特点和故障分析。

教学要点

知识要点	能力要求	相关知识
Cura 软件的使用	了解 Cura 的使用流程	Cura 软件的下载和安装
工业级 3D 打印机的使用	了解 3D 打印的基本流程及其应用	3D 打印工作过程与切片相关关系
工业级 3D 打印机的特点及其故障分析	了解 3D 打印机的组成和成型特点	常见机器的故障诊断

12.1　3D 打印机打印齿轮准备工作

本节中所介绍和使用的 FDM 工业级 3D 打印机是由极光尔沃公司生产的 A9 3D 打印机，它具有多功能喷头，且能自动调整等优异的功能。下面将主要介绍 3D 打印前的准备工作，零件的设计、零件的切片处理以及 3D 打印的过程和后处理。

12.1.1　A9 3D 打印机的喷头和材料的准备

本章将以极光尔沃公司的 A9 3D 打印机为例介绍打印机装备工作的操作过程，首先介绍 A9 3D 打印机的产品信息，然后基于 A9 的产品信息介绍打印机的喷头和材料准备。

　　FDM 即"熔融沉积"技术,通过加热装置将 ABS、PLA 等丝材加热融化,然后通过挤出头像挤牙膏一样挤出来,一层一层堆积上去,最后成型。它的机械系统主要包括喷头、送丝机构、运动机构、加热工作室和工作台 5 个部分,如图 12-1 所示为 A9 3D 打印机的整体外观图。熔融沉积工艺使用的材料分为两部分,一类是成型材料,另一类是支撑材料。

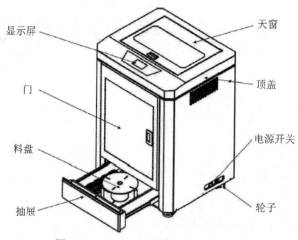

图 12-1　A9 3D 打印机的整体外观图

　　如表 12-1 所示,A9 3D 打印机配备有 4 种不同尺寸的喷头,对应的打印精度、打印厚度以及打印速度等相关的参数需要做相应的调整,如表 12-2 所示为厂家实验测得的最佳匹配工作参数,实验匹配使用切片软件 Cura14.07 版本。

表 12-1　A9 打印机的产品信息及相关配置

型　号	A9			
喷头直径	0.4 mm	0.6 mm	0.8 mm	1.0 mm
打印精度	(200 ± 0.2) mm	(200 ± 0.5) mm	(200 ± 0.8) mm	(200 ± 1.0) mm
打印速度	10～150 mm/s	8～75 mm/s	6～45 mm/s	4～30 mm/s
层厚	0.05～0.30 mm(推荐 0.1mm)	0.15～0.30 mm	0.20～0.40 mm	0.25～0.50 mm
喷头温度	室温至 250℃	热床温度	室温至 110℃	
调平方式	自动调平 + 手动调平	平台材料	黑金刚玻璃 + 透明冷打板	
成型尺寸	500 mm × 400 mm × 600 mm	切片软件	Cura/JGcreat(64bit)	
机器尺寸	760 mm × 675 mm × 1100 mm	机器重量	96.78 kg	
包装尺寸	1050 mm × 940 mm × 1340 mm	包装重量	105.68 kg	
支撑材料	PLA/TPU/ABS 等	耗材倾向	PLA	
耗材直径	1.75 mm	液晶屏	4.3 英寸(1 英寸=2.54 cm)	
脱机打印	支持 U 盘	文件格式	支持 stl/obj/Gcode	
软件语言	简体中文/English	操作系统	Windows 7/Windows 10/XP	
电压	AC110/220 V	环境要求	温度 5℃～40℃,湿度 20%～50%	

表 12-2　最佳打印参数配置

打印质量	喷头直径/mm	层高/mm	壁厚/mm	顶底厚度/mm	打印速度/mm·s^{-1}
最佳打印效果	0.4	0.1	0.8	0.8	60
	0.6	0.25	1.2	1	18
	0.8	0.3	2	1.2	12
	1	0.4	0.8	1.6	8
	喷头温度/℃	热床温度/℃	初始化厚度/mm	空走速度/mm·s^{-1}	底层打印速度/mm·s^{-1}
	210	50	0.30	150	20
	210	50	0.35	150	20
	210	50	0.40	150	20
	210	50	0.50	150	20

1. 喷头的更换

用户可根据实际的使用需求手动更换喷头，详细的喷头更换顺序如图 12-2 所示(注：更换喷头时打印机必须处于关机状态)。

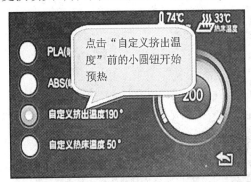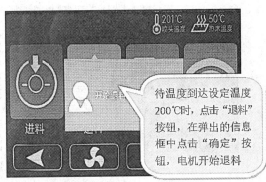

图 12-2　打印机更换喷头的"退料"操作

(1) 退料。单击"预热"→"自定义挤出温度"，待温度到达耗材对应温度后，单击"退料"→"确定"，电机开始退料。(注：演示使用的耗材是 PLA)

(2) 取下喷头。待退料完成后，先拧松喷头上的手拧螺母，再拔出导料管，然后取下喷头，如图 12-3 所示。如打印机在更换喷头前已经被使用或者使用后在非工作时间较短的情况下，请用户在更换喷头前测试一下喷头此时的温度，防止因操作不当导致手指烫伤。

(3) 更换喷头。先将新的喷头装入，再插入导料管并检查导料管插入位置是否正确，如图 12-4 所示。

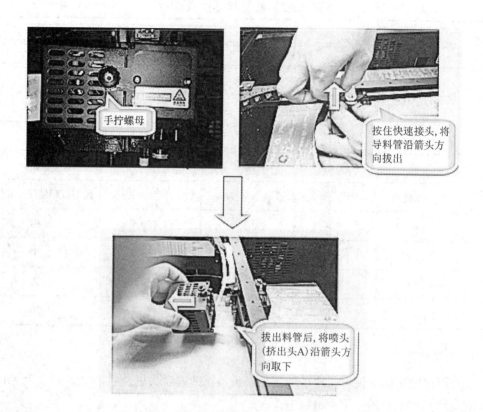

图 12-3　打印机更换喷头的"取下喷头"过程

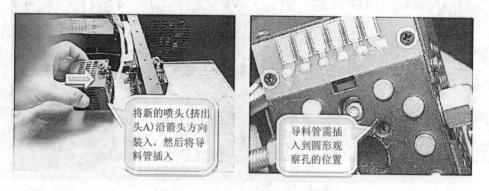

图 12-4　打印机更换喷头的过程

2. 安装打印材料箱盒

如表 12-1 所示，A9 3D 打印机支持的打印材料主要有 PLA/TPU/ABS 等，不同的材料具有不同的使用工作性能，要求用户按照实际的工作需要选用不同的材料。

耗材安装的具体过程如下所述。

(1) 单击"预热"选项进入"预热菜单"，选择预热相应的材料，单击对应材料前的圆钮，如图 12-5 所示。(注：演示使用的耗材是 PLA。)

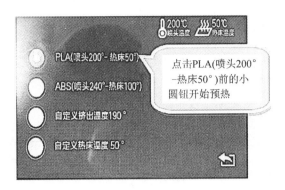

图 12-5 预热菜单

(2) 在预热的过程中，用户先拉出底部抽屉，将耗材装入料架，并将耗材插入远端进料电机进料口，如图 12-6 所示。

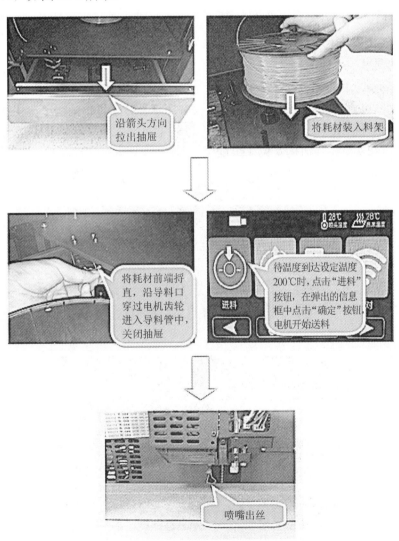

图 12-6 手动装丝过程

12.1.2　A9 3D 打印机平台调整

待 A9 打印机的喷头和料盒按照用户实际需要做好准备后,下一步将进行平台的调整。首层打印是整个零件的基础,而首层基础的好坏直接影响着零件的打印效果。一台正常的打印机首次经过调整后,在后期工作中若未更换打印头或者调整限位开关,一般情况下不需要再次进行重复调整,如图 12-7 所示为正确和错误的打印机平台调整要求。

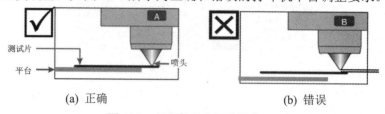

(a) 正确　　　　　　　　　　　　　　　　　　　　(b) 错误

图 12-7　打印机平台调整要求

根据表 12-1 所示内容,A9 打印机的平台调平分为手动调平和自动调平两种方式,下面将结合实际分别介绍两种调平方式。

1. 自动调平

打印机的自动校准过程无需人工参与,通过单击打印机上的显示屏主平面找到"调平",打印机即可自动找位进行调平。如图 12-8 所示,打印机自动调平是分别在主桌面上找到"A""B"和"C"三点进行调平,且在上述三点分别重复定位调整 3 次。如图 12-9 所示为打印机在实际工作时的定位调平过程。

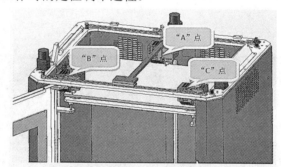

图 12-8　打印机三点自动定位调平

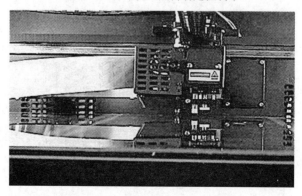

图 12-9　打印机实际定位调平过程

待打印机自动调平之后，可在显示屏内选择"结束"，然后返回主界面。再选择"预热"选项，继而选择"PLA"，此时右侧上角喷头和热床开始升温，直至达到预定的温度值。待温度达到设定值后返回主界面，再选择"移动"，Z 轴开始向下移动，回到参考点。此时可以返回到主界面，通过触摸屏选择"进料"，进料机构先快速将耗材向喷头方向输送，然后再缓慢输送，直至喷头有耗材流出，即为调平成功。

2. 手动调平

手动调平即手动 Z 平台找零位(注：如果自动 Z 平台零位校准失败，必须执行手动 Z 平台零位校准，此过程手动设置零件熔融器喷头到 Z 零位置)。

首先，放入一张新的制作底板并确认已被真空吸住，再运行手动 Z 平台零位校准，详细的操作步骤如下所述。

(1) 校平垫板(打印垫板)X、Y 两个轴。将喷头移动到 X 轴最左边，然后下降至离打印垫板 1 mm 处 (注：此过程可使用主界面手动触屏调整)；目测喷头距离打印垫板 1 mm 后，即可移动喷头到 X 轴的另一边。如果在移动打印范围内，打印头始终保持在 1 mm 高度，那么证明打印垫板横向是平的；如果发现间隙越来越大，或者是移动到垫板中间或垫板的右边间隙有 2 mm 或者间隙更大时，则说明右边 Z 向电机高了，可以用手扭动右边电机丝杆往下调整到 1 mm。同理，Y 轴的调整方式与 X 轴相同。

(2) 待垫板 X、Y 水平都校正后，接下来就可以调整 Z 轴了，将喷头往下移动至离打印垫板 0.2 mm 处(一张 A4 纸的厚度)，此时 3D 打印机处于调平状态。

12.2　齿轮 3D 模型的设计

3D 零件的设计软件为美国 PTC 公司开发的 Creo 4.0 版，如图 12-10 所示为齿轮在 Creo 4.0 内的设计结果，最后将零件另存为 stl 文件格式并作为切片备用。

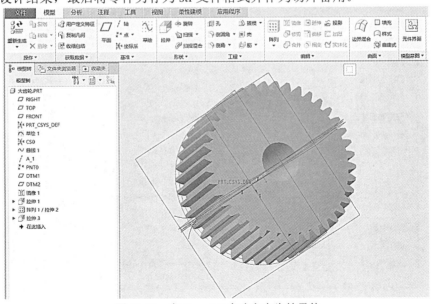

图 12-10　在 Creo 4.0 内建立大齿轮零件

12.3　齿轮 3D 模型的切片处理

在 Creo 软件内完成大齿轮的建模后，将文件格式转化为 stl 的文件格式作为 3D 打印的文件，切片过程采用软件 Cura15.02.1，如图 12-11 所示为零件在 Cura 中的切片处理过程。

图 12-11　齿轮在 Cura 中的切片处理过程

1. 切片的设置与使用

切片的处理和参数使用均参考表 12-1 所示，用户在实际生产过程中根据实际需要设置相应的参数，如图 12-12 所示为打印大齿轮时所使用的参数设置。

打印质量			机型	
层厚(mm)	0.1		喷嘴孔径	0.4
壁厚(mm)	0.8		回退	
开启回退	☑	...	回退速度(mm/s)	40.0
填充			回退长度(mm)	4.5
底层/顶层厚度(mm)	0.6		打印质量	
填充密度(%)	20	...	初始层厚 (mm)	0.3
速度和温度			初始层线宽(%)	100
打印速度(mm/s)	50		底层切除(mm)	0.0
打印温度(C)	210		两次挤出重叠(mm)	0.15
支撑			速度	
支撑类型	None	...	移动速度 (mm/s)	150.0
粘附平台	None	...	底层速度 (mm/s)	20
打印材料			填充速度 (mm/s)	0.0
直径(mm)	2.85		Top/bottom speed (mm/s)	0.0
流量(%)	100.0		外壳速度 (mm/s)	0.0
			内壁速度 (mm/s)	0.0
			冷却	
			每层最小打印时间(sec)	5
			开启风扇冷却	☑ ...

图 12-12　Cura 打印齿轮时的参数设置

2. 切片处理过程

(1) 打开 stl 文件。单击菜单"File"→"Open"，浏览到"Zhui_chilun.stl"文件，用鼠标单击该文件并打开，弹出如图 12-11 所示的图形。

(2) 处理图形。首先观察导入零件的初始状态位置，如若图形初始位置打印工艺性较差，使得打印零件质量无法保证，并且浪费较多的支撑材料，用户可以通过对图形进行移动、旋转等操作改变打印的工艺性，取得一个合适的打印方位。首先可以单击菜单"STL"→"Rotate"，按住鼠标滚轮绕着 Y 轴旋转 90°，找到一个较好的工作位置，如图 12-13 所示。

(3) 切片处理。单击软件中的"Finish"按钮，即可自动完成切片、支撑设置、刀具路径和写入 CMB 等工作。

图 12-13　零件在 Cura 旋转到合适位置

(4) 观察切片的成型状态，并查看零件的打印时长和厚度等参数。图 12-14 为零件经过切片后软件自动生成显示的时间。

图 12-14　Cura 自动生成零件打印时长

(5) 保存文件。如表 12-1 所示，A9 支持脱机打印的方式，可将 G 代码保存在 U 盘等移动设备内，便于使用。Cura 的保存较为简单方便，如图 12-14 所示的中间方框即为保存选项。

12.4　齿轮 3D 打印过程

在进行 3D 打印的过程中要求用户熟悉 3D 打印的基本流程，为方便用户的学习和使用，现列出 3D 打印的操作流程，如图 12-15 所示。

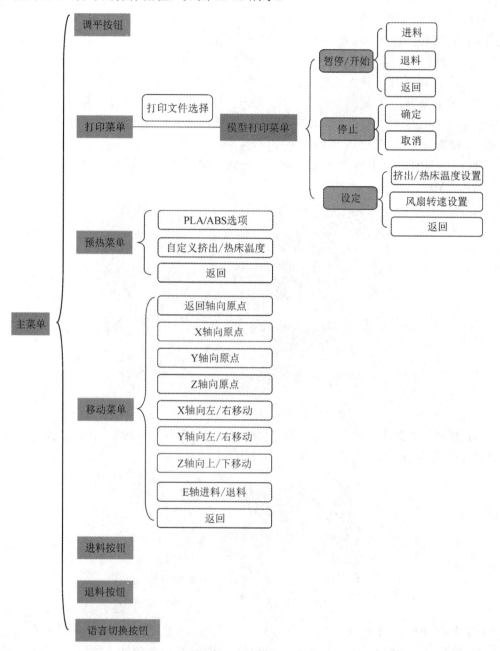

图 12-15　3D 打印的操作流程

(1) 熟悉主菜单。如图 12-16 所示，在进行 3D 打印前必须先熟悉打印机的主菜单。主菜单内包括了硬件与软件的组成，其中具有语言切换功能，A9 为用户提供了简体中文和 English 两种语言，最大限度地满足用户的使用要求。

(2) 零件载入。通过单击"打印文件"选择要打印的零件或直接将零件拖入软件视窗，如图 12-17 所示。

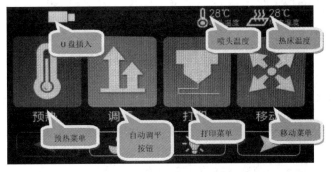
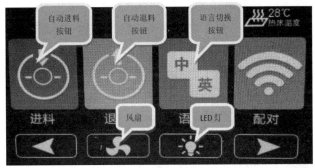

图 12-16　A9 打印机的触摸屏主菜单

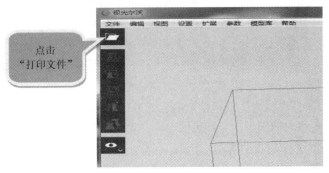

图 12-17　载入零件

(3) 代码保存。待零件切片完成后，单击右下角"保存文件"按钮，保存 G 代码的文件名不可以是中文，可以是任意的字母或者数字，如图 12-18 所示。

图 12-18　G 代码保存

(4) 打印零件。将保存好的 G 代码拷贝到厂家标配 U 盘的根目录下，并插入机器的 USB 接口，然后单击"主菜单"中的"打印"按钮进入"打印菜单"，选择要打印的零件，再单击"开始"按钮，等待温度到达后机器将会自动开始打印，直至结束，如图 12-19 所示。

图 12-19　零件开始打印

12.5　3D 打印齿轮的后处理

待零件打印完毕，系统会自动停止工作。由于打印工作室温度较高，故将打印好的零件取出时需戴上长筒皮手套，去掉打印支撑板和打印基底。打印好的零件如图 12-20 所示。

图 12-20　打印好的齿轮

3D 打印出来的零件表面会比较粗糙，由于 FDM 技术设备的成型原理，即逐层堆积最终成型，尤其在需要支撑的情况下，零件表面会存在诸多的纹路，这时需要用砂纸打磨处理，然后可以使用超声波进行适当的清洗。因为支撑材料是水溶性的，通过在超声波震荡器中加入适量的弱碱溶液(ABS 材料不会溶解于弱碱中)，然后再将产品零件放入，要使溶液完全没过打印零件，即可开始进行超声波清洗。

课 后 习 题

1. 简述 A9 3D 打印机的操作过程。
2. 简述利用 Cura 15.02.1 软件进行切片的操作过程。
3. 简述 3D 打印齿轮打磨处理过程。

第十三章

桌面级 3D 打印机打印实例

学习目标

① 掌握 Cura 软件的使用；
② 能独立操作使用桌面级 3D 打印机；
③ 了解桌面级 3D 打印机的特点及其故障分析。

教学要点

知识要点	能力要求	相关知识
Cura 软件的使用	了解 Cura 的使用流程	Cura 的下载和安装
桌面级 3D 打印机的使用	了解 3D 打印的基本流程及其应用	3D 打印工作过程与切片相关关系
桌面级 3D 打印机的特点及其故障分析	了解 3D 打印机的组成和成型特点	常见机器的故障诊断

13.1　打印马里奥手机支架

本节中所介绍和使用的 FDM 桌面级 3D 打印机是由极光尔沃公司生产的 A6 桌面级 3D 打印机，搭载 4.3 英寸全彩触控屏和 FA 特制平台，内置空气过滤系统，能有效滤除打印过程中产生的颗粒，打印精度较高，适合大尺寸打印。下面将主要介绍 3D 打印前的准备工作、零件的设计、零件的切片处理以及 3D 打印的过程和后处理。如图 13-1 所示为 A6 打印机的整体外观图，表 13-1 是 A6 打印机的产品信息表。

图 13-1　A6 打印机整体外观图

表 13-1 A6 产品信息表

型号	A6	层厚	0.05～0.3 mm
喷头温度	室温至 250℃	热床温度	室温至 110℃
调平方式	自动调平 + 手动调平	平台材料	玻璃 + 贴纸
成型尺寸	300 mm × 200 mm × 200 mm	切片软件	Cura/JGcreat(64 bit)
机器尺寸	550 mm × 420 mm × 480 mm	机器重量	22 kg
包装尺寸	655 mm × 540 mm × 620 mm	包装重量	29 kg
耗材支持	PLA/TPU/ABS 等	上位机	Cura/Simplify3D/Slic3r/JGcreat
耗材直径	1.75 mm	液晶屏	4.3 英寸
打印方式	SD 卡	文件格式	支持 stl/obj/Gcode
软件语言	简体中文/English	操作系统	Windows 7/Windows 10/XP
电压	110 V 220 V AC	环境要求	温度 5℃～40℃，湿度 20%～50%

如图 13-2 所示为 A6 打印机的详细内部结构图。

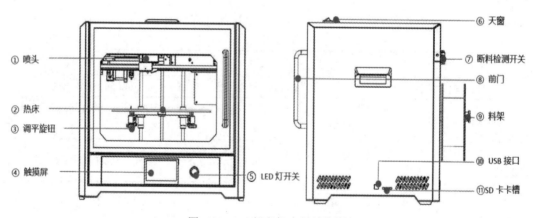

图 13-2 A6 打印机内部结构图

13.1.1 准备工作

1. A6 3D 打印机的菜单功能介绍

熟悉机器是准备工作中必不可少的一个环节，下面将分别从主菜单到功能菜单进行逐一介绍。如图 13-3 所示为 A6 打印机触摸屏主菜单，主菜单分别为"预热""移动""归零""打印""挤出""调平""设置"和"EN/中文"的功能选项，界面较为简单，所见即所得。下面将详细介绍其功能。

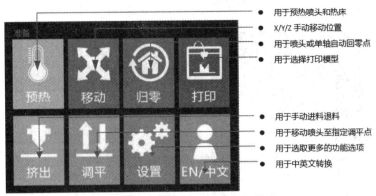

图 13-3　A6 打印机触摸屏主菜单

(1) 预热：打印机的预热过程包括打印机的喷头和底板两部分预热。如表 13-1 所示，A6 打印机的喷头最高温度可达到 250℃，热床最高温度可达到 110℃，如图 13-4 所示。

图 13-4　"喷头/热床预热"操作

(2) 喷头/热床的移动：打印机的打印精密性受多种因素的影响，其中最主要的因素来自喷头和热床的移动。A6 打印机采用了滚珠丝杠，具有较高的传动精度和传动效率，移动操作面板如图 13-5 所示。

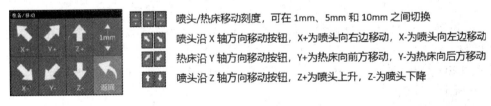

图 13-5　"喷头/热床的移动"操作

(3) 归零：对于任何一台 NC/自动化设备而言，归零是必须的。每次使用 3D 打印机前和使用完毕均需要将 3D 打印机的 X、Y、Z 三轴归零，其主要目的是调整设备的使用性能，为下次设备的使用做好准备。"归零"操作面板如图 13-6 所示。

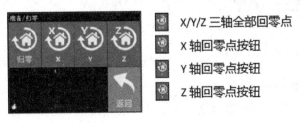

图 13-6　"归零"操作

(4) 打印：3D 打印的核心及其目的在于实现打印的功能，完成用户的预期目的和使用要求。桌面级 3D 打印机的打印原理在第三章中已经做过相关介绍，在此不再赘述。图 13-7

所示为 A6 打印机的打印操作过程。

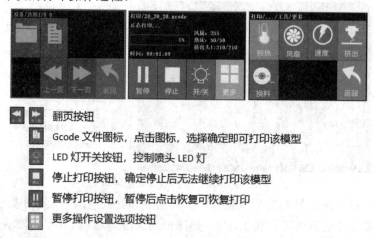

翻页按钮

Gcode 文件图标，点击图标，选择确定即可打印该模型

LED 灯开关按钮，控制喷头 LED 灯

停止打印按钮，确定停止后无法继续打印该模型

暂停打印按钮，暂停后点击恢复可恢复打印

更多操作设置选项按钮

图 13-7　A6 打印机的"打印"操作

(5) 简体中文/English 语言切换：提供多种语言供不同的用户操作是人机界面必须具备的基本功能，也是保障用户使用安全和正确操作的基本需求，如图 13-8 所示。

图 13-8　"简体中文/English 语言切换"操作

(6) 设置：一台打印机软件最复杂且最核心的功能环节在于设置，设置内容主要包括：更换耗材、调节喷头涡轮风扇风力大小、更新显示界面的图标、调节 LED 灯开关按钮(控制喷头 LED 灯)、关闭电机驱动(关闭后可手动移动喷头和热床)以及固件信息等内容，如图 13-9 所示。

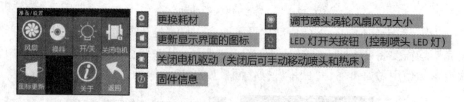

图 13-9　"准备/设置"操作界面

注：在本节主菜单中出现的"调平"功能将在下面为用户做较详细的介绍。

2. A6 3D 打印机的调平

如果平台间隙正常，则不用调整，否则必须进行调平。考虑到设备的运输和搬运等过程可能会导致打印机的热床和喷头间出现非正常的间隙，建议用户在使用前进行自动调平或者手动调平。一般而言，一台正常的打印机首次经过调平后，在后期工作中若未更换打印头或者调整限位开关，一般情况下不需要进行重复调平。

(1) 首先需将四个调节螺母全部逆时针拧紧，然后再进行调平操作，如图 13-10 所示。

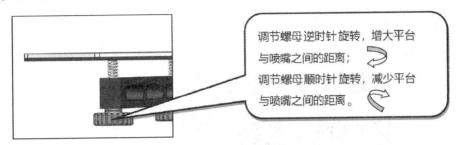

图 13-10 打印机调平第一步

(2) 单击主界面"归零"选项，进入"归零"界面。单击"归零"按钮，喷头回到零点，如图 13-11 所示。

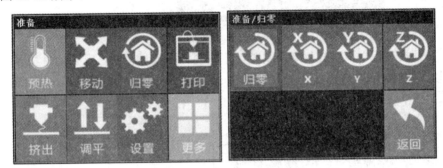

图 13-11 打印机调平第二步

(3) "返回"主界面，单击"调平"选项进入调平界面，依次完成四点调平。喷头移动到对应的点后，将调平测试卡放置在喷头与平台中间，移动调平测试卡检测平面与喷头的间距。若调平测试卡较松，则"顺时针"微调旋钮，减少平台与喷头的间距；若调平测试卡较紧，则"逆时针"微调旋钮，增加平台与喷头的间距，直至移动调平测试卡时纸上有轻微划痕但无刮损，即表示该点已调平，如图 13-12 所示。

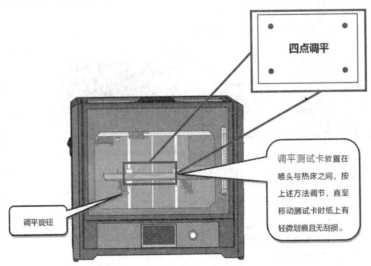

图 13-12 打印机调平第三步

3. A6 3D 打印机的耗材安装

本演示使用的材料为 PLA。

(1) 选择"预热"按键，进入预热菜单；选择预热"喷头 1(E1)"，运用"+"或"−"按键设置 E1 温度(参考温度值：PLA≈200℃，ABS≈240℃)，如图 13-13 所示。

图 13-13　打印机耗材安装一

(2) 在预热过程中，将耗材装上料架，沿进料口插入导料管，直到耗材从导料管的另一端穿出，按住喷头左侧的按钮，将耗材线头沿进料孔插入，直至进料器夹紧，如图 13-14 所示。

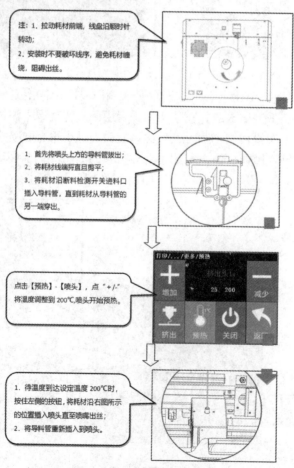

图 13-14　打印机耗材安装二

（3）预热完成后，选择"进料"按键，直到喷头均匀出丝，即表示装料完成，如图 13-14 所示。

13.1.2　3D 零件的设计

3D 零件的设计软件为美国 PTC 公司开发的 Creo 4.0 版，如图 13-15 所示为马里奥手机支架在 Creo 4.0 内的设计结果，最后将零件另存为 stl 文件格式作为切片备用。

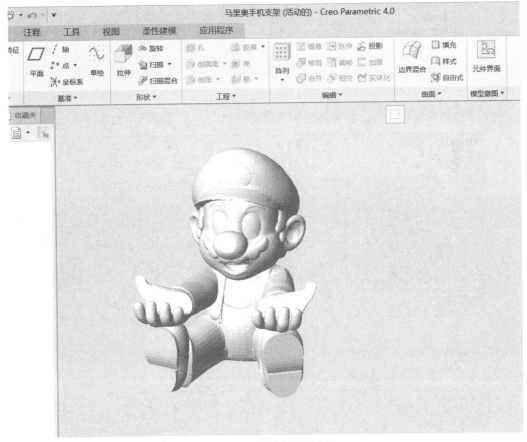

图 13-15　马里奥手机支架

13.1.3　3D 零件的切片处理

在 Creo 软件内完成建模后，将文件格式转化为 stl 作为 3D 打印的文件，切片过程采用软件 Cura15.02.1。如图 13-16 所示为零件在 Cura 中导入时的初始状态。当零件(马里奥手机支架)的尺寸范围超过了 Cura 内设置的工作区间大小时，用户需要将其尺寸缩小(注：本案例中将其缩小为原来尺寸的 1/2)，如图 13-17 所示为零件缩小后在工作区间内呈现的状态(注：Cura 软件内显示的空间区域范围即为实际打印机的打印空间大小。在此之前，事先将打印机与 Cura 软件进行连接，则其实际工作的空间区域将发生调整，自动转变为实际空间大小，为用户提供方便)。

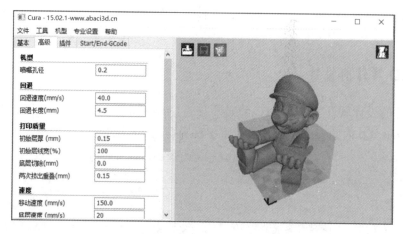

图 13-16　零件导入初始状态

(1) 在软件内选中零件，并将其缩小到原始图形的 1/2，如图 13-17 所示。

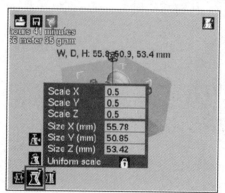
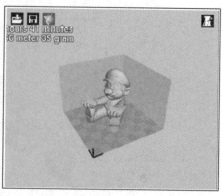

图 13-17　零件缩小 1/2 后的状态

(2) 待零件导入后，可设置零件在打印区间内的放置位置和角度，再将零件旋转一定的角度，以便将正面更清晰地显示给操作者，如图 13-18 所示。

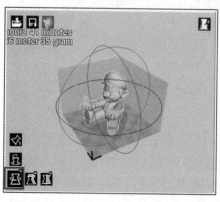
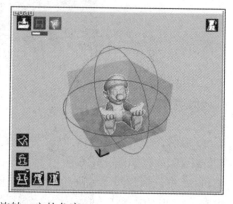

图 13-18　零件旋转一定的角度

(3) 打印机切片后的状态如图 13-19 所示，需要综合考虑打印时喷头的运动轨迹、运动路线长短、打印效率以及所需支撑等问题，打印马里奥手机支架时，相关参数可根据图 13-20 进行设置。在图 13-19 中，右上角方框内是不同的显示模式，具体功能介绍如下：

① Normal——正常模式，即零件的原样。

② Overhang——悬空模式，即零件的悬空部分会用红色表示，这样可以更好地观察零件中容易出现问题的地方。

③ Transparent——透明模式，用户可以观察到零件的表面构造和内部构造。

④ X-Ray——X－射线模式，与透明模式类似，用户可以观察零件内部构造，但是不同于透明模式的是，零件的表面构造信息被忽略了，当然这样内部构造可以更加清晰地显示出来。

⑤ Layers——层次信息，层次信息是比较重要的显示模式，它可以让用户观察整个零件的层次，也可以通过右侧的滑块单独观察某一层的信息。如图 13-19 所示是第 443 层的信息。

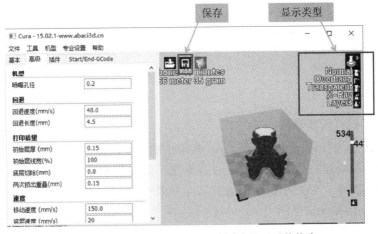

图 13-19　马里奥手机支架经过切片处理后的状态

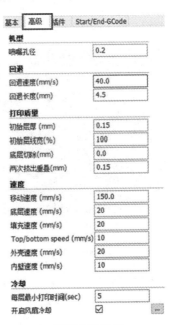

(a) 基本参数设置　　　　　　　　　　(b) 高级参数设置

图 13-20　切片处理后的参数设置

（4）待上述步骤完成之后可生成 G 代码，单击图 13-19 中的"保存"代码图标，将弹出如图 13-21 所示对话框。浏览到合适的文件夹后，再单击"保存"按钮。

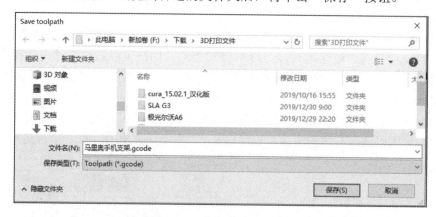

图 13-21　保存代码对话框

13.1.4　3D 打印过程

1. A6 打印机打印步骤

图 13-22 所示为打印操作主界面，A6 打印机的详细操作步骤如下所述。

（1）将已切片处理的 G 代码零件文件存储至产品标配 SD 卡的根目录下；

（2）插入 SD 卡，然后单击"准备打印"界面中的"打印"按钮，进入"选择文件"界面，选择待打印零件文件；

（3）单击"开始"按钮，待温度达到目标值时，机器将会自动进入打印状态；

（4）零件打印完成后，设备屏幕将显示"打印完成"提示信息；

（5）取模。（打印完成时，喷头和打印平台可能仍处于高温状态，务必冷却后再取模。）

图 13-22　打印操作主页面

注：打印初始，第 1～2 层若不能粘附在平台之上，请停止打印并重新进行调平。

2. 断电续打和中途更换耗材的方法

1）断点续打

在打印过程中，由于断电而引起的打印终止在一定程度上会对机器产生一定的影响，因此不建议人为地进行断电。A6 3D 打印机搭载断点打印功能，为用户提供更加灵活自由的打印生产方式。当在打印过程中因各种外因导致机器突然断电而停止打印时，可以使用断电续打功能连接零件继续进行打印(注：打印零件的进度只有超过 5%后才可以使用断电续打功能)，如图 13-23 所示。

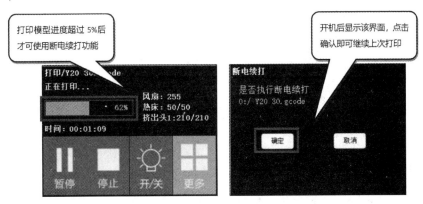

图 13-23　断电续打操作界面

2) 耗材更换

零件打印完成后若要更换耗材，需要先将打印机喷头预热，待温度到达后，在设置选项中单击"换料"，然后在换料界面单击"退料"按钮即可开始退料；待耗材退出后，再换上新耗材；然后单击"进料"按钮，直到喷头出丝即完成进料。切记不能硬拔、冷拔，以免造成喷头不可修复的损伤。在零件打印过程中，耗材即将使用完时，需进行如下操作进行换料：

(1) 单击"正在打印"界面上的"暂停"按钮，此时 X 轴回到原点；

(2) 单击"更多"按钮，选择"换料"选项，再单击"退料"按钮，开始退料；

(3) 待退料完成后，将新料装入进料口，单击"进料"按钮，待喷头出丝后即完成进料；

(4) 单击"返回"按钮，进入"正在打印"界面，再单击"开始"按钮恢复打印。

13.1.5　产品后处理

经过三维软件建模、切片、联机配置和打印后得到的马里奥手机支架需要进行后处理，下面是部分后处理的工艺流程，如图 13-24 为产品效果图。

图 13-24　马里奥手机支架效果图

(1) 打磨：打磨是必不可少的，这是最常用的抛光方法。3D 打印出来的零件，表面会比较粗糙，这是由 3D 打印的成型技术决定的。虽然现在 3D 打印技术越来越好，精细度已经很高，但 FDM 技术设备零件上逐层堆积的纹路还是能够看见的，尤其是在需要支撑的情况下，此时需要用砂纸进行打磨处理。用户可以选择使用普通砂纸进行打磨，也可以选用砂带磨光机等专业设备。

(2) 纯手工上色：手工上色是一种使用较多的上色方法，操作比较简单，适合于处理较复杂的零件。上色时需以 "#" 字来回平涂两到三遍，可使手绘时产生的笔纹减淡，使色彩均匀饱满，可以在第一层快干还没彻底干时再上第二层，第二层上笔刷方向和第一层垂直，以达到更好的效果。目前使用的颜料主要有水性漆和油性漆两大类。水性漆附着力和色彩表现都较油性漆略差一点(尤其是色泽表现上)，但毒性较小或无毒。为了颜料可以更流畅、色彩更均匀地进行涂装，可以滴入一些同品牌的溶剂在调色板内进行稀释。手工上色比较考验操作人员的熟练程度，效果差距会较大。

13.2　打印路飞四档

本节中所介绍和使用的 SLA 桌面级 3D 打印机是由极光尔沃公司生产的 G3 光固化桌面级 3D 打印机，配备抗 UV 有机玻璃罩，能最大限度阻挡紫外光，保证打印顺利进行。它搭载了双层空气过滤系统，有效滤除打印过程中产生的颗粒，配备独立式脱机打印，USB 即插即用，无需连接电脑，数据安全稳定。下面将主要介绍 3D 打印前的准备工作，零件的设计、零件的切片处理以及 3D 打印的过程和后处理。如图 13-25 所示为 G3 光固化打印机的整体外观图，表 13-2 是 G3 光固化打印机的产品信息表。

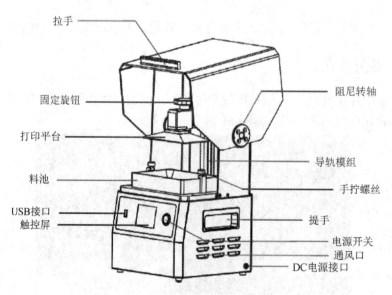

图 13-25　G3 光固化打印机整体外观图

表 13-2　G3 光固化打印机的产品信息表

型号	G3	层厚	20 mm/h
文件格式	stl/cbddlp	额定功率	60 W
打印尺寸	126 mm × 71 mm × 150 mm	切片软件	ChiTu Box
机器尺寸	232 mm × 224 mm × 425 mm	成型技术	LCD 屏光固化成型
打印方式	U 盘脱机打印	文件格式	支持 stl/obJ/GCode
打印材料	405 nm 紫外光敏树脂	光源配置	UV 平行光源(波长 405 nm)
XY 分辨率	1920 × 1080	Z 轴精度	0.025～0.1 mm

13.2.1　准备工作

1. G3 光固化 3D 打印机的菜单功能介绍

G3 光固化打印机的主菜单由控制、系统和打印三部分组成，如图 13-26 为 G3 打印机的主页面构成情况。

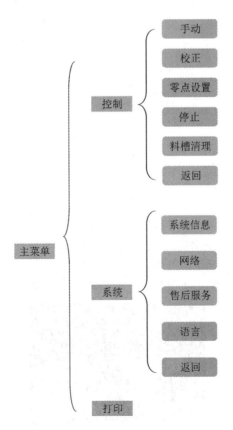

图 13-26　G3 打印机的主页面构成

下面结合图 13-26 展示 "打印""打印参数"和"校正"的窗口页面，如图 13-27 所示。

(a) 打印　　　　　　　　　(b) 打印参数　　　　　　　　(c) 校正

图 13-27　G3 的关键操作界面

2. G3 光固化 3D 打印机的调平

如果平台间隙正常，则不用进行调平。考虑到设备的运输和搬运等过程可能导致打印机的热床和喷头间出现非正常的间隙，建议用户在使用前进行自动调平或者手动调平。一般而言，一台正常的打印机首次经过调平后，在后期工作中若未更换打印头或者调整限位开关，一般情况下不需要进行重复调平。

(1) 调平前检查。将上顶盖打开，检查并保持固化屏及平台上干净无杂物(注：此时不需安装料槽与打印平台)。如图 13-28 所示为 G3 的固化屏和平台所处位置。

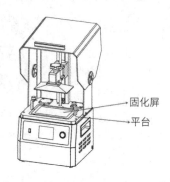

图 13-28　调平操作一

(2) 开机准备，如图 13-29 所示。

步骤一：插上电源，打开电源开关。

步骤二：单击操作屏上的"工具"→"手动"→"归零"，等待 Z 轴回到原点。

图 13-29　调平操作二

(3) 调平操作。

步骤一：用 M3 六角扳手将平台组件上的内孔顶丝稍拧松，如图 13-30 所示。

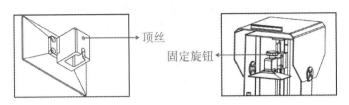

图 13-30　调平操作三

步骤二：把平台支架上固定旋钮拧松，如图 13-30 所示。(注：第一步中稍微拧松内孔顶丝，直至平台可以活动即可，无需过于松动)

步骤三：如图 13-31 所示，放一张白纸在固化屏上，安装平台至平台支架，拧紧平台固定旋钮(如无法将平台插入，单击操作屏上的 0.1 mm 或 1 mm 上升 Z 轴，直到平台能插入到支架上)。

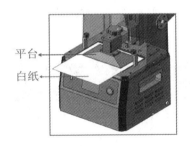

图 13-31　调平操作四

步骤四：平台安装好后，若平台距离固化屏略远，则可单击操作屏上的"0.1 mm"或"1 mm"按钮以降低 Z 轴(注意：每次只点一下，切勿连续单击，避免下降过多而造成平台压碎固化屏)，直至抽动白纸时有明显阻力，此时用手按压平台上方，使平台四个角受力均匀地贴合在固化屏上，使用六角扳手短柄锁紧平台顶丝，达到锁紧状态，如图 13-32 所示。

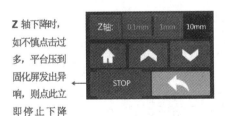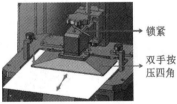

图 13-32　调平操作五

注：平台必须要与固化屏贴合并平齐，不能有倾斜或不平情况，否则会影响打印成功率及零件质量。

步骤五：上述调平完成后，不要移动平台高度，可单击"返回"按钮，再单击"零点设置"按钮，此时会弹出提醒信息界面，如图 13-33 所示，单击"确定"即完成。

注：此步骤为设置当前 Z 轴位置为首层打印起始高度。

图 13-33　调平操作六

3. G3 光固化 3D 打印机打印前检查

设置零点后，单击"手动"按钮，单击"上升移动"使 Z 轴移动到平台最高处，再检测 UV 灯是否可以正常工作。按下操作屏"返回"→"校正"→"下一步"，固化屏上若能完整地显示一个矩形方框，则表示 UV 灯可以正常工作，如图 13-34 所示(如出现闪屏或黑影，请及时修复)，检查无问题后可随时退出 UV 灯检查。

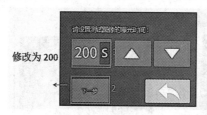 

图 13-34　打印前检查

4. G3 光固化 3D 打印机安装料槽

将料槽推入底板，且与底板上料槽限位螺丝接触为标准，最后拧紧两边的手拧螺母(注：料槽推入底板后确保与固化屏贴合，料槽不能放置于限位螺丝上)，如图 13-35 所示。

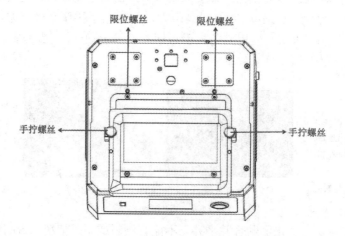

图 13-35　安装料槽

13.2.2　3D 零件的设计

3D 零件的设计软件为美国 PTC 公司开发的 Creo 4.0 版，如图 13-36 所示为路飞四档在 Creo 4.0 内的设计结果，最后将零件另存为 stl 文件格式作为切片备用。

图 13-36　Creo 4.0 内路飞四档建模

13.2.3　3D 零件的切片处理

在 Creo 软件内完成路飞四档的建模后，将文件格式转化为 stl 的文件格式作为 3D 打印的文件，切片过程采用软件 ChiTuBox，如图 13-37 所示。下面将介绍软件主页面各功能区的功能及其操作步骤。

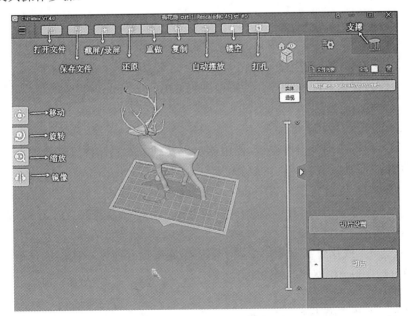

图 13-37　ChiTuBox 软件主页面功能区名称

步骤一：切片参数的设置。

基本参数的设置：软件界面右侧有"切片设置"，用户可根据以下说明进行参数设置。

切片参数的设置如图 13-38 所示，下面具体介绍各打印参数的含义。

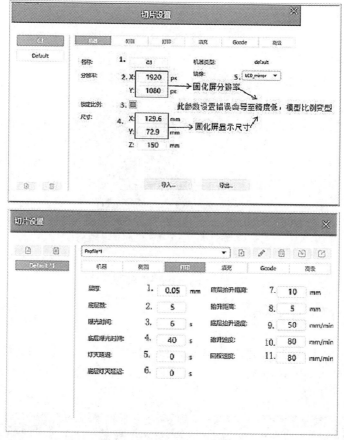

图 13-38　切片软件参数设置

(1) 打印参数的设置与说明。

层厚：建议设置为 0.05 mm 厚，设置范围为 0.01～0.2 mm。层厚越厚，每层曝光的时间就越长。

底层数：设置范围为 3～6 层。

曝光时间：设置范围为 4～12 s，需根据层厚及细节的复杂程度来设置曝光时间(注：层厚值越大曝光时间越长)。

底层曝光时间：设置范围为 20～80 s，底层曝光时间越长，底层与平台的粘连越牢。

灭灯延迟：灭灯延迟=抬升距离/抬升速度+抬升距离/回程速度(注：10/200 + 10/200 = 0.1 min = 6 s)

底层灯灭延迟：底层灯灭延迟=底层抬升距离/底层抬升速度 + 底层抬升距离/回程速度 (注：12/100 + 12/200 = 0.18 min = 10.8 s)。

底层抬升距离：设置范围为 5～15 mm。

抬升距离：设置范围为 5～12 mm。

底层抬升速度：设置范围为 30～100 mm/min(注：根据零件表面积进行设置，表面积越大，速度需越慢，但材料能充分回流)。

回程速度：设置范围为 50～150 mm/min。

(2) 支撑设置：支撑类型的设置可分细、中、粗，每个都有对应的参数设置。

细：支撑与零件的接触面积小，易于取下支撑。

粗：支撑与零件的接触面积大，稳定。

推荐设置为"中"，参数推荐使用默认值。

步骤二：导入路飞四档 stl 零件进入软件内。如图 13-39 所示，此时发现零件在 G3 中存在两个问题：第一个是零件尺寸太大，需将其尺寸缩小到合适的范围内；第二个是零件的放置方式不符合实际打印的要求，需要在 X、Y、Z 轴方向上旋转一定的角度，使零件能以竖立的方式站在空间区域内。

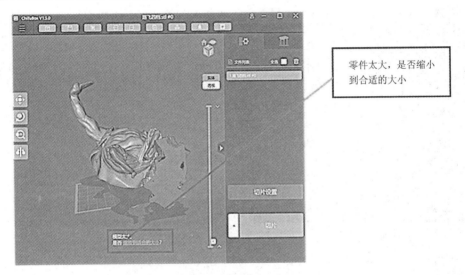

图 13-39　零件导入软件的初始状态

步骤三：单击如图 13-39 所示零件下端的提示"零件太大，是否缩小到合适的大小"，零件将自动缩小到合适的大小；如图 13-40 所示，软件左侧存在"旋转"功能命令键，单击后如图 13-40(a)所示，可将零件绕着已知轴的方向旋转一定的角度，将其竖立在空间平面内。下面将分别举例两种情况解释零件放置的问题。

情况一：通过旋转操作直接将零件放置在平面内，如图 13-40(b)所示。

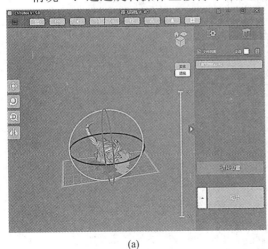
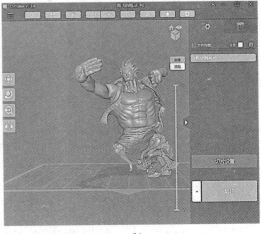

(a)　　　　　　　　　　　　　　　　(b)

图 13-40　情况一所述状态

　　情况二：如图 13-41(a)所示，此时零件的下平面与空间底平面不在同一水平面内，而用户希望零件在放置时与空间呈现一定的角度，即头部与水平面非水平方式放置，此时可以通过加支撑的方式实现此目的。添加支撑的方式如图 13-41(a)方框区域，并给出较详细的添加支撑方式和参数设置，如图 13-42 所示。待支撑设置完好后可以呈现的状态如图 13-41(b)所示(注：在使用支撑过程中需要检查支撑内部是否具有稳定的组织和悬空的组织，如果发现在零件关键的区域内支撑较少或者支撑的状态不够稳定，可以手动添加支撑结构提高零件的刚度)。

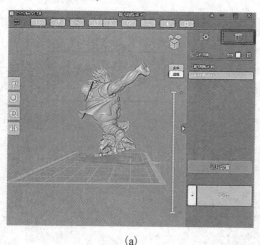
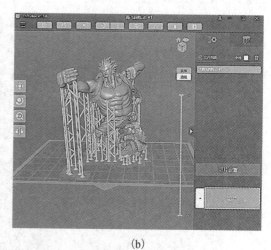

(a)　　　　　　　　　　　　　　　　　　　(b)

图 13-41　情况二所述状态

图 13-42　切片软件支撑参数设置

　　步骤三：生成切片文件。设置完成后，先单击界面右上方文件例表图标，再单击下方的"切片"图标开始切片，完成切片后会进入保存与切片信息界面，单击"保存"图标保存文件(可保存在U盘中)。需要按照上述步骤顺序依次操作(注：在保存文件进度条没读完时不可退出关闭软件)。

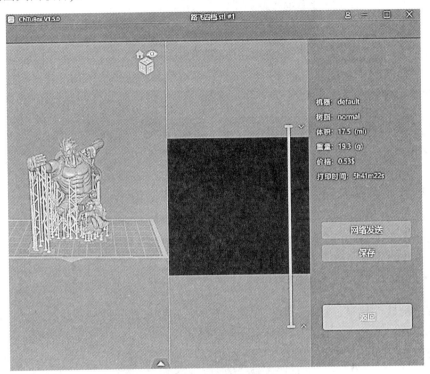

图 13-43　切片处理

13.2.4　3D打印过程

　　为避免首次打印失败，打印前请再次检查：① Z轴是否正常工作；② 平台是否与固化屏贴合；③ UV灯是否正常显示。

　　将U盘插入机器正面的USB接口，先戴上口罩和手套，然后向料槽中缓慢倒入树脂。选中零件后开始打印。在打印过程中，关好上顶盖，避开太阳光直射，且确保桌面平整不晃动。G3打印机打印的操作过程如图13-44所示。

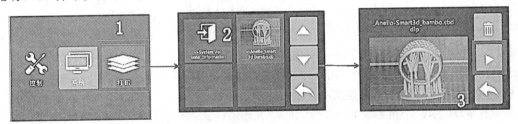

图 13-44　G3光固化3D打印机打印操作过程

　　注：树脂倒入料槽不得超过 15 mm 液位刻度，如图 13-45 所示。

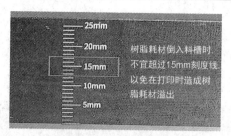

图 13-45　打印机树脂倾倒高度

若在打印过程中发现树脂不够打印完零件，可单击"暂停"按钮，待 Z 轴上升后向料槽中缓慢加入树脂，然后再单击"打印"，Z 轴下降后则可继续打印，如图 13-46 所示。

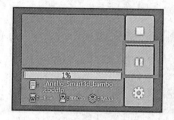

图 13-46　打印过程中树脂不够后再次添加树脂的操作

13.2.5　产品后处理

经过三维软件建模、切片、联机配置和打印后得到的路飞四档需进行后处理，下面是部分后处理的工艺流程，图 13-47 所示为产品效果图。

图 13-47　路飞四档效果图

(1) 清洗零件。当部件从打印机中出来时，它会被未固化的树脂覆盖。在进一步进行后处理之前，必须将其冲洗干净。可使用超声波浴，它是一种简单有效的清洁 SLA 印花的方法。通过在浴缸中注入足够的异丙醇(IPA)以覆盖打印件，让其静置几分钟，这将剥离粘在零件上的未固化树脂的精细层，留下光滑、干净的表面。

(2) 删除支撑。删除附加到零件的树状支撑结构，可以在固化之前或之后完成，始终注意掉落的杂散塑料。对于非精密零件，手动打破支撑是最快的方法，而对于较复杂的部件，可使用平头切割器小心地剪断支撑件，在不损坏表面的情况下尽可能接近零件。使用上述两种方法，在打印件上会留下小块，用户可以使用砂纸打磨掉相关痕迹。

(3) 纯手工上色。上色时需以"#"字来回平涂两到三遍，可使手绘时产生的笔纹减淡，色彩均匀饱满。可以在第一层快干还没干时再上第二层，第二层上笔刷方向和第一层垂直，以达到最好的效果。使用的颜料主要有水性漆和油性漆两大类，水性漆附着力和色彩表现都较油性漆略差一点(尤其是色泽表现上)，但毒性小或无毒。为了颜料可以更流畅均匀地进行涂装，可以滴入一些同品牌的溶剂在调色板内进行稀释。手工上色比较考验操作人员的熟练程度，效果差距会比较大。

课 后 习 题

1. 简述 A6 桌面级 FDM 3D 打印机的操作过程。
2. 简述 G3 桌面级 SLA 3D 打印机的操作过程。
3. 简述桌面级 FDM 3D 打印机成型零件的后处理工艺。
4. 简述桌面级 SLA 3D 打印机成型零件的后处理工艺。

参 考 文 献

[1] 杜志忠，陆军华. 3D 打印技术[M]. 浙江：浙江大学出版社，2016.

[2] 姚栋嘉，陈智勇，吕磊，等. 3D 打印技术[M]. 北京：机械工业出版社，2018.

[3] 陈继民. 3D 打印技术基础教程[M]. 北京：国防工业出版社，2016.

[4] 曹明元. 3D 打印技术概论[M]. 北京：机械工业出版社，2015.

[5] 高帆. 3D 打印技术概论[M]. 北京：机械工业出版社，2015.

[6] 李博，张勇，刘谷川，等. 3D 打印技术[M]. 北京：中国轻工业出版社，2017.

[7] 王运赣，王宣. 3D 打印技术[M]. 武汉：华中科技大学出版社，2014.

[8] 杨占尧，赵敬云. 增材制造与 3D 打印技术及应用[M]. 北京：清华大学出版社，2017.

[9] 王广春. 3D 打印技术及应用实例[M]. 北京：机械工业出版社，2016.

[10] 吴怀宇. 3D 打印三维智能数字化创造[M]. 北京：电子工业出版社，2017.

[11] 杨笑宇，李言，赵鹏康，等. 电弧增材制造技术在材料制备中的研究现状及挑战[J]. 焊接，2018，542(08)：14-20，66.

[12] 侯高雁，朱红，刘凯，等. 3D 打印成型件后处理工艺综述[J]. 信息记录材料，2017，18(07)：19-21.

[13] 朱嘉辉. 探究 3D 打印技术在建筑领域的应用及展望[J]. 工程技术，2018，45(5).

[14] 郭宇鹏. FDM 桌面型 3D 打印机的整体设计及成型工艺研究[D]. 中北大学. 2017.

[15] 张洋. 基于 FDM 技术的 3D 打印机机械结构设计及控制系统研究[D]. 长春工业大学. 2017.

[16] 陈双，吴甲民，史玉升. 3D 打印材料及其应用概述[J]. 物理，2018，47(11)：715-724.

[17] 张学军，唐思熠，肇恒跃，等. 3D 打印技术研究现状和关键技术[J]. 材料工程，2016，393(02)：126-132.